U0359493

玉道

王伟斌 主编

肆 玉之德

九州出版社 JIUZHOUPRESS | 全国百佳图书出版单位

推己及人，雪中送炭

引 言

在我们的历史中，曾有青铜盛行的时代，曾有金银盛行的时代，曾有陶瓷盛行的时代，曾有木器盛行的时代，而唯有玉器，从原始社会一直流行到今天，并始终在最崇高的位置。这不间断且不沉沦的发展历程，肯定有其特别的原因，这原因就是玉具有人格化的德性。

玉的德性源自于本身所具有的物理特性：温润、致密、通透……更源自于孔子等先贤思想的赋予：温润而泽，仁也；缜密以栗，知也；廉而不刿，义也……玉的特征同君子的特征完美和合，玉被人格化为君子的象征，玉德也成为世间最美好的品质，成为教化万民的道德标准。

这是其他一切器物，即便是贵为硬通货的金银也不能具有的殊荣，这就是玉之德。

目录

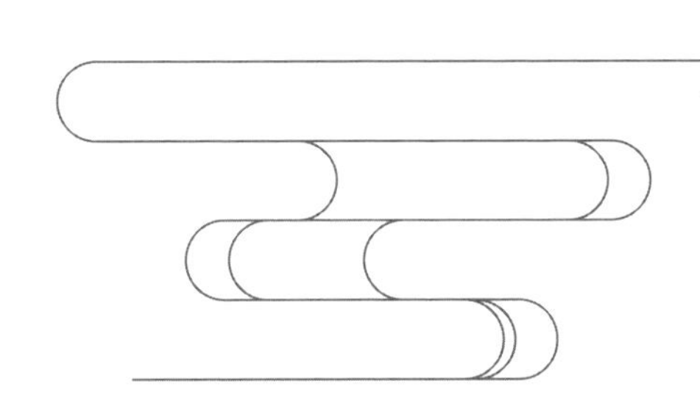

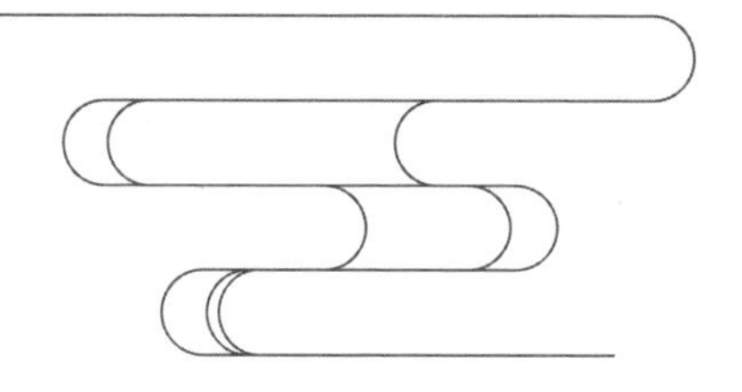

第一章

玉德学说

君子比德于玉

君子认为玉更贵重，并不是因为玉的数量少，而美石的数量多，乃是因为君子以玉作为自己的道德榜样，玉成为了一种精神和道德境界的象征。

春秋战国玉德学说的建立

中华民族有着悠久的历史与文明，而在华夏传统文化中，玉文化又有着突出的地位。玉文化先于华夏文明而产生，又与中华民族的文化进程是同步发展的，玉文化贯穿了整个中华文明的历史。毫不夸张地说，玉文化是构成中华传统文化的一块基石。

古时候，玉文化几乎涵盖了人们生活中的各个方面，人们以玉为祭器祭祀天地神灵，以玉为装饰点缀身体发肤。随着社会生产力和人们审美能力的提高，玉器的制作工艺，也越来越精湛。但是，在中华民族看来，玉石又不仅仅是祭器、礼器或配饰，它寄托了中华民族对美好品德的向往。人们在玉石的自然属性之外，又赋予其社会属性和道德属性，这也是玉文化对中华民族精神文化有深远影响的根本原因。

中国著名雕塑家吴为山作品青铜《孔子》

作为自然界中最有灵气的石头，玉石呈现出温润、晶莹的美感，而放眼全世界，只有中华民族将玉人格化。在其他国家和民族的文化中，一般是将玉石当作饰品或者财宝使用，再进一步发展也就是把玉当作有神秘力量的石头。而唯独崇尚美好品德的中华民族，把玉石视为完美人格的典范和民族精神的象征，因为玉石本身就具备了中华子民所向往的美好品质，它坚贞、宁静、含蓄、一身正气、通透明净。

商周时期，神权被王权取代，周公制礼作乐，不论是玉器还是青铜器，在使用方面都建立起一套制度规范。进入春秋时期，出现了礼崩乐坏的情况，不仅用玉的礼制被破坏，而且社会其他方面的礼制规定也形同虚设。当时天下大乱，各诸侯国常年征战。这种社会现状，让统治阶层和知识分子阶层开始思考，如何将玉器与社会风俗和道德规范联系在一起，将玉的内在品质与人的道德品质联系在一起，让玉器在礼制建设和道德建设中发挥作用。于是，玉德学说便应运而生。

春秋时期齐国的名相管仲在《管子·水地》中写过，玉具备九种德性："温润以泽，仁也；邻以理者，知也；坚而不蹙，义也；廉而不刿，行也；鲜而不垢，洁也；折而不挠，勇也；瑕适皆见，精也；茂华光泽，并通而不相陵，容也；叩之，其声清搏彻远，纯而不杀，辞也。"

管仲

玉的触感温润光泽，这是仁之德；玉的表面排列着紧密的纹理，这是智之德；玉有着坚硬的质感，这是义之德；玉有棱边但不伤人，这是行之德；玉呈现出斑斓的色彩却纯净通透，这是洁之德；玉可折断而不弯曲，这是勇之德；玉虽有瑕疵却不遮蔽，这是精之德；玉折射出华彩光芒，玉石之间相互映衬而不相互倾轧，这是容之德；玉被敲击之后声音清脆，能传播到远方，这是辞之德。

虽然，管仲以玉德比拟君子的德性，主张君子应该以玉为贵，并且通过玉器来反省自我的言行。但是，管仲又主张君子不可贪玉，“金玉货财之说胜，则爵服下流。”意思是，如果在上位者贪财好利，那么，他手下的人必然会有人投其所好，有人就会用钱买到爵位，这样，参政的人就必然是下流之辈了。

在管仲这里，他似乎已经意识到了玉的多重属性。作为珠玉的玉是财富的象征，作为玉宝的玉是美德的象征，君主应该看重玉的美德属性而不是财富属性。

到了儒家思想的创始人孔子那里，玉德的思想观念得到了进一步的深化，并最终确立起来。孔子有云，“君子比德于玉焉”，这是说玉象征着道德人文修养，一个真正的君子，应该以玉作为自己的德行榜样。在《礼记·聘义》中有这样一段记载：孔子的弟子子贡向孔子求教：“为何君子认为玉更贵重，而认为像玉的美石轻贱呢？难道是因为玉稀少，而美石更多吗？”孔子告诉他：“君子认为玉更贵重，并不是因为玉的数量少，而美石的数量多，乃是因为君子以玉作为自己的道德榜样，玉成为了一种精神和道德境界的象征。”

在这里，孔子列举了玉具备的十一种特质，而这十一种特质对应着十一种德行：“温润而泽，仁也；缜密以栗，知也；廉而不刿，义也；垂之如队，礼也；叩之，其声清越以长，其终诎然，乐也；瑕不掩瑜，瑜不掩瑕，忠也；孚尹旁达，信也；气如白虹，

白玉圭

天也；精神见于山川，地也；圭璋特达，德也；天下莫不贵者，道也。”

孔子所说的这十一种德行，即仁、知、义、礼、乐、忠、信、天、地、德、道，可以说儒家的道德规范，都在这十一种德行之中了。

孔子还曾说道：“质胜文则野，文胜质则史，文质彬彬，然后君子。”如果说，“文”是一个人具备道德修养之后呈现出的外在之美，那么，“质”便是君子内心的精神境界。孔子推崇玉，正是因为玉具备了文与质的内在统一。

“君子贵玉”，是因为君子从玉之中体会到玉所具有的种种美德。古人崇拜玉，也是因为玉具备了如此完美的德行，而这些德行完全契合儒家的道德观。难怪“古之君子必佩玉，君子无故玉不去身”，以玉德约束君子的日常行为，以玉德比附完美的道德人格。《诗经·秦风·小戎》有“言念君子，温其如玉”的诗句，在古人看来，君子与玉乃是一个整体，因为他们都具有温润、仁义等品性。

在战国时期，儒家思想代表人物荀子在《荀子·法行》中，也记载了子贡向孔子求教的事：“君子之所以贵玉而贱珉者，何也？为夫玉之少而珉之多邪？”孔子曰：“恶！赐！是何言也！夫君子岂多而贱之少而贵之哉！夫玉者，君子比德焉。温润而泽，仁也；栗而理，知也；坚刚而不屈，义也；廉而不刿，行也；折而不挠，勇也；瑕适并见，情也；扣之，其声清扬而远闻，其止

白玉四知书屋套件

辍然，辞也。故虽有珉之雕雕，不若玉之章章。诗曰：‘言念君子，温其如玉。’此之谓也。”在这里，荀子将玉德归结为七种美德。

自孔子之后，历代儒家代表更是对玉的德性进行了诸多诠释，由孔子提出的“玉之十一德”，最后简化成“仁、义、礼、智、信”这君子五德，而玉德学说也经历了一个从产生到完善再到不断充实、发展的动态过程。

秦汉时期玉德学说的完善

在中华民族的传统文化中，玉最为突出的价值，在于其人文价值，尤其在儒家思想的影响下，中国玉文化获得了更加丰富的精神内涵。玉德的观念形成于西周，玉德学说形成于东周的春秋战国时期，从秦汉时期传播至清代，经历了两千多年的发展历程。而秦汉时期，则是玉德学说的发展完善时期。

西汉文学家、思想家贾谊在《新书 · 道德说》中有言："德有六理。何谓六理？曰：道、德、性、神、明、命。此六者德之理也。诸生者，皆生于德之所生；而能象人德者，独玉也。象德体，六理尽见于玉也，各有状，是故以玉效德之六理。"

君子的德行有这样六种：道、德、性、神、明、命，能够同时具备这六种德行的，唯有玉。为什么贾谊会这样说呢？他认为，

贾谊

“泽者，鉴也，谓之道；腒如窃膏谓之德；湛而润厚而胶谓之性；康若泺流谓之神；光辉谓之明；礐乎坚哉谓之命；此之谓六理。”

玉有光泽，光可鉴人，这就是君子之道；玉纹理细腻，这就是君子之德；玉具有温润的触感，这就是君子之性；玉的光彩变化无穷，如同泺河流水，这就是君子之神；玉具有熠熠光辉，这就是君子之明；玉坚如磐石，不可折断，这就是君子之命。

贾谊从玉具备的六种特质里，比附君子应该具备的六种德行。

西汉的文学家、儒学家刘向在《说苑·杂言》中写道：“玉有六美，君子贵之：望之温润，近之栗理，声近徐而闻远，折而不挠，阙而不荏，廉而不刿，有瑕必示之于外，是以贵之。望之温润者，君子比德焉；近于栗理者，君子比智焉；声近徐而闻远者，君子比义焉；折而不挠、阙而不荏者，君子比勇焉；廉而不刿者，君子比仁焉；有瑕必见于外者，君子比情焉。”

玉有六种美德，是君子特别看重的：从远处观看，玉呈现出温润的美感；在近处细看，又能感觉到玉的质地非常坚实；轻轻敲击，玉发出的声音可以从近处传向远处；玉可碎却不会弯曲，

刘向

玉华丽富贵却不软弱，玉有棱有角却不会割伤别人，玉有瑕疵却不掩盖，而是大大方方地展示在表面上，这是最可贵的。

那么，什么样的人与玉很相像呢？就是那种亲切温和的人，这就是君子的德；做事坚定、心思缜密的人，这就是君子的智；表里一致、不弄虚作假的人，这就是君子的义；百折不挠、宁死不屈的人，这就是君子的勇；为人宽厚、充满善意，这是君子的仁；即便有缺点也不刻意隐藏，这就是君子的情。

在中华民族的传统文化里，道德人格方面的内容，占有极大的比重，而儒家学说里对道德人格境界的要求，又在玉文化中得到了体现。如果说，儒家思想是中华民族的精神信仰，那么，具有德性的玉就是儒家思想道德观的物质载体。

在玉的诸多品质中，温润便是最主要的一个。而儒家思想的道德观中，“仁”便是最核心的部分。不论历代儒家学者对玉的德性进行怎样的诠释，温润的特质与“仁”的品性，几乎都是放在第一位的。

儒家思想中的“仁”，既是对我们为人处世的最根本要求，也是一种人生境界。孔子讲：“志士仁人，无求生以害仁，有杀生以成仁。”想要成就“仁”这种道德境界，可以说并不容易，甚至在特殊的年代里，还要付出生命的代价。可见，“仁”的道德境界是非常崇高的。一个人具有“仁”的品质，才能发展出其他美好的品性；一个人以“仁”作为自己的处事原则，才能真正成为一个具备美好道德情操的君子。

要实现儒家学说中那最高的道德境界，并不是容易的事。但我们却可以从最基本的事情入手，即便不能成为圣人，那么也至少要做个君子。

儒家有言“仁者爱人”，这就是说，一个具备仁义道德的人，必然是一个爱满天下的人。即便这样的道德境界一时不能达到，也要尽量以这样的道德境界作为自己的人生理想，作为自己努力的方向。一个人，当他具备了“仁”的品性，那么，即便有些小毛病，也不会成为道德上的大问题。正如一块璞玉，即便有瑕疵，但由于它具有温润坚硬的质地，只要稍加打磨、雕琢，就会成为一块美玉。

“仁”就是儒家思想中的道德底线，真正的君子，就是要心中常怀仁义。“君子无故，玉不去身”“言念君子，其温如玉”，正是说明，佩玉与修身密不可分，通过玉来警示自己，让身心浸润于道德规范之中，达到内外兼修的目的。

白玉臣官像

东汉著名文学家、经学家许慎在《说文解字》里如是写道："玉，石之美者，有五德。润泽以温，仁之方也；䚡理自外，可以知中，义之方也；其声舒扬，专以远闻，智之方也；不挠而折，勇之方也；锐廉而不忮，洁之方也。"他从玉的色泽、纹理、质地、硬度以及韧性这五个方面出发，把玉的品质归结为仁慈、正义、智慧、勇敢、廉洁这五种德行。

儒家的玉德思想是特定时代的产物。它的建立基础是原始玉崇拜的大众心理，同时，又融合了自西周时期以来便存在的道德礼制，以及"天人合一""和而不同"等古代传统的思维方式，最终“以德比玉”设定了一种近乎完美的理想人格——君子。

君子形象历经数千载之演变，现如今已经成为中华传统文化重要的价值取向。其“仁者爱人”“互敬礼让”“明辨是非”等价值观念，对当代社会的人格教育依然具有十分重要的启示。

随着西汉时期“罢黜百家，独尊儒术”政治思潮的兴起，儒家学说在传统文化中确立了正统地位，而玉德学说也随之得到了充实、丰富和发展。

汉代以后玉德学说的发展

汉代以后，玉德观念似乎有所淡化，但是，这并不意味着与玉德学说有关的佩玉制度，就此淡出了人们的生活。其实，汉代以后的玉德学说和佩玉制度，在前朝的理论基础上，还是有所发展的。

东汉末年，由于长年战乱，佩玉风气曾一度沉寂。曹魏侍中王璨重新设置了佩玉制度，所以，汉代以后的佩玉制度以及玉德学说，都出现了新的规范。

隋唐以后，中国的玉器发展，进入到一个新的历史时期，在贵族阶层，佩玉制度依然存在，而且贵族阶层佩玉的目的，依然是为了彰显德行。《隋书 · 礼仪志》中记载："佩，案《礼》，天子佩白玉。董巴、司马彪云：'君臣佩玉，尊卑有序，所以章德也。’”

士大夫阶层随时随地以佩玉展现自己的玉德，通过佩玉来警示自己的言行，以玉的德行来端正自己、要求自己，使“非辟之心，无自入也”。这其中贯穿的，是儒家意识形态中的礼、义、忠、信等道德伦理观念。佩玉的使用，不仅能够增添士大夫仪表上的威严和庄重，同时，还彰显出美玉的艺术价值以及士人的品德，两者互为表里，相得益彰。这也是为何自西周以来再到先秦两汉，以至隋唐乃至后世，士人会对玉器如此重视的原因。

可见，“君子比德于玉”的观念已经与中国传统文化融合在一起，即便经过两千多年的发展也未见衰落，这在世界其他古文明中是绝无仅有的。

自汉代以后，“玉”全面融入了中国文化的各个层面，而玉德学说则为传统儒家思想提供了全新的解读。在我们的认知中，“玉”已经不仅是一个文化符号，更成为美好事物的代称，或者是对他人的尊称。

比如，作为礼仪之邦，汉语中有很多表示对他人尊重的称谓，而这些称谓，往往离不开“玉”字，比如玉面、玉体、玉言、玉音，这些都是形容他人容貌的敬称。在一些形容美人以及自己心爱之人的词语中，也能见到“玉”的身影：“玉郎”，意指情郎；“玉人”，即是指美人。形容男子时，我们常说“玉树临风”，形容女子则用“亭亭玉立”“小家碧玉”。以美玉形容人，不仅能体现出此人的美好外在，更能彰显出此人高贵的人格品质。

比如说，华夏民族历来尊重学问、尊重人才，古人常以“玉”来形容德才兼备、才学出众之人。“蓝田生玉”“昆山之玉”“芝兰玉树”“金友玉昆”等成语，皆是比喻品德优良、才能出众之人。

还有，古人常用“白璧微瑕”来比喻君子犯下的一些小小过失。《贞观政要·公平》记载，唐代贤臣魏征还就此发表过一番议论：“小人非无小善，君子非无小过。君子小过，则白玉之微瑕。小

白玉龙凤纹璧

魏征

人小善，乃铅刀之一割。”小人并不是没有一点小优点，君子并不是没有一点小过失。君子的一点过失就好比白璧微瑕，无伤大体；小人的小优点只不过是钝刀子割肉，起不了什么作用。

在我国古代典籍里，还有许多以玉比拟贤能君子的例子，这些也可视为玉德学说在后世的发展。《三国志》记载，三国时期有这样兄弟两人，哥哥叫荀靖，弟弟叫荀爽，是当时的隐逸者。有人问许子将，这兄弟两人谁更贤德。许子将说：“二人皆玉也，慈明外朗（荀爽字慈明），叔慈内润（荀靖字叔慈）。”东晋时期，孙绰在《孔松阳像赞》中说道：“君德器纯固，基宇高邃，荆玉不及喻其温，南金未能方其励。”还有，南北朝时期梁国伊文侯，被世人称为“一代之伟人”，在《梁书》中有这样一句话：“称观书以心服，玉比德而誉均。”在这些典籍里，“玉”就成为贤能君子的代称。

在传统社会，人们把那些品德崇高的士人称为“玉人”。根据史书上的记载，西晋有位名士叫裴楷，他容貌俊爽，文采风流，博览群书，并且还精通义理，当时的人称他为“玉人”。还是在西晋时期，有位著名玄学家叫卫玠，他尚在童年时，就表现出过人的才华，他成年之后，风神俊秀，因此也被人称为“玉人”。卫玠的舅舅也是姿容和才华皆出众的人，但他看到卫玠时，仍然感叹道：“珠玉在侧，觉我形秽。”

在儒家玉德学说的影响下，中国传统社会中形成了崇玉之风，并持续了两千多年。人们往往注意到儒家的玉德学说里对玉德的推崇，但其实，儒家也主张谨慎用玉。《孔子家语》中有言：“儒有不宝金玉，而忠信以为宝；不祈土地，立义以为土地。”儒者不把金玉视为宝贝，而把忠信视为宝贵的品质；不企求占有更多的土地，而把合乎义理当作土地。可见，虽然儒家提倡玉德，但并不会一味追求其经济价值，而是通过推崇玉德，来强化人们对道德伦理的认识。

玉器在维护社会等级、维持封建政权等方面，确实发挥着积

青玉松下五老山子

极的作用。同时，就个人道德层面来说，玉器对于维护人们的内心秩序、修身养性等方面，也起到了媒介的作用。在传统社会里，统治阶层正是通过玉器的人格化和道德化，以及玉器礼制的理论化和系统化，对社会各阶层进行管理。在这个管理的过程中，玉德学说也随着社会的需求而不断发展、变化，实现了升华。

自西周中期以来，“君子比德于玉”的观念初步形成，经管仲、孔子再到许慎，玉德学说被系统化、理论化。玉德学说也融入中国的政治、经济、文化等社会生活的各个领域。从玉德学说初步形成算起，它从产生到现在，已经延续了将近三千年，玉德学说已经成为中华民族文化性格中最重要的基因。

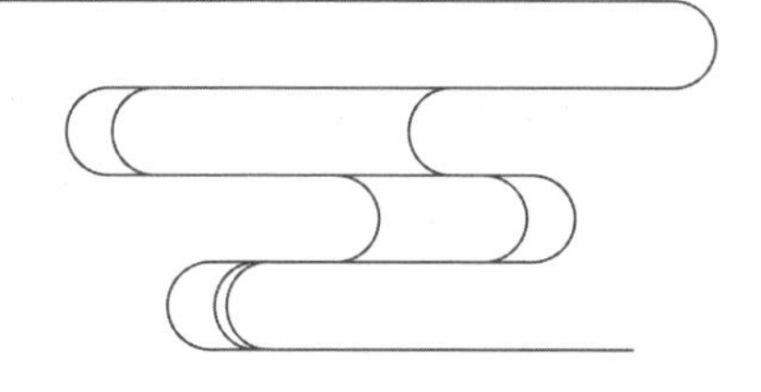

第二章

教化之功

修身如同琢玉

欧阳修在《悔学》中写道:“玉不琢,不成器;人不学，不知义。然玉之为物，有不变之常德，虽不琢以为器，而犹不害为玉也。人之性，因物则迁,不学,则舍君子而为小人,可不念哉?”

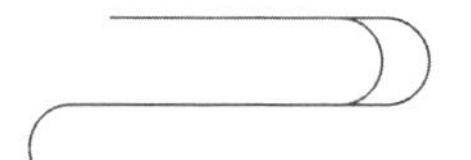

大学之道，修身正己

玉，是与君子朝夕相伴的“良师益友”。玉虽无言，却让君子浸润于道德礼仪之中，而君子以玉作为自己的道德榜样，让自己的道德素养不断得到提升。孔子生活的时代，玉是社会生活的一项重要内容，在孔子儒学思想的影响下，玉更成为君子人格的象征。

古圣先贤认为，玉并不仅仅是财富、地位和身份的象征，它更与人的行为、修养和道德联系在一起。美好的玉器，光洁温润，君子以仁德立世，成为世人楷模。玉与君子，是一个不可分割的整体。古语有云：“君子无故，玉不去身。君子佩玉，温文尔雅，行止有方。”玉，提醒着人们要善守正念，也提醒着人们要姿态雍容，行止有度。

墨白玉孔子讲学山子

玉生石中，须经过匠人雕琢方能成器。人非圣贤，要通过不断学习自律，方能成为君子。玉有德行，君子也应该如玉一样，具备美好的品德。儒家用玉规范君子的行为举止，要求君子琢玉求美，修身致善。

在中华传统文化里，玉集中体现了最高层次的道德人格，而古代君子不断提升道德人格的这个过程，就是修身正己的过程。修身正己的最终目的在于安抚天下苍生，实现大同世界的理想。在儒家的道德观中认为：每个人，生来都是带有使命的。从小的方面来说，人们修养身心，让自己的道德品格趋于美善；从大的方面来说，人们在修身正己的基础上，为社会做出贡献，安抚黎民百姓，实现大同社会。

在古代社会，佩玉的不一定是君子，因为君子自有其独特的人格内涵。在《尚书》《周易》《诗经》等书中，就已经有“君子”一词出现，但是，这些文献中的“君子”，原本是对有地位之人的统称。

春秋时期，社会动荡，礼崩乐坏，孔子认为，要改变这种礼崩乐坏的状况，最有效的途径就是对人们进行道德教化，让每一个人都能自觉遵守礼制所规定的道德行为规范。于是，孔子便赋予“君子”以崭新的人格内涵，并提出君子应具备的道德以及人

孔子观像兴怀

格修养境界。《孔子家语·五仪解》中有云："所谓君子者，言必忠信而心不怨；仁义在身而色无伐；思虑通明而辞不专；笃行通道，自强不息，油然若将可越，而终不及者，此则君子也。"可见，道德情操就是君子的理想目标，这种道德目标，以仁作为君子的内在精神，以义作为君子日常的行为原则，以礼作为待人处世的言行规范。

在孔子儒家学说的影响下，君子，成为了可供世人效仿的道德典范，要成为一个真正的君子，就离不开修身正己、涵养道德。作为儒家文化的经典篇章之一，《大学》极为看重“君子修身”，因为，修身正己是“齐家”与“治国”的根本，修身正己是树立正确的人生观和价值观的基础。

那么，修身正己的基本原则是什么呢？《大学》指出了“明德”“亲民”和“至善”这三大纲领。“明德”者，肯定每一个人都具有成为圣贤的天性。在日常生活中，人们行善避恶，这就是向善向德的本性需求。面对那些善德行为，人们应该自觉发扬，并纷起效仿。“亲民”者，助人助己，利益大众，在推动自己不断向善向德的同时，还能帮助其他人涤除内心的恶知恶念，帮助其他人不断向善、求真，这样做每天都会以崭新的面貌，面对世人。这正是儒家所谓的“日新其德”。“至善”者，心灵纯洁光明，这是心态修炼的最高层目标，是人生德行的最高境界。

古语有云：“修身正己，致知于行”。一个真正的君子，仅仅具备丰富深厚的知识学养还不够，还应该把自己的学养，运用在实践之中。也就是说，你懂得很多道理，与你能够在待人接物上做得很到位，那是两个概念。修身正己的目的，正在于要致知

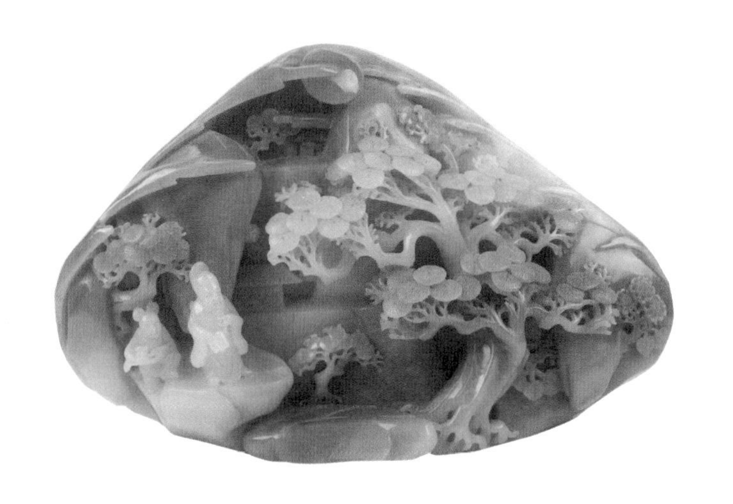

墨白玉月下苦读山子

于行。

在《论语·述而》中，孔子提出了修身正己的纲领：“志于道，据于德，依于仁，游于艺。”“道”，是君子修身正己的最高目的；“德”，是君子应该具备的美好品质；“仁”，是道德的核心内容，其他种种善行，都是以“仁”作为基础的；“艺”，则是六种技能，即礼、乐、射、御、书、数。这六种技能，是一个君子应该掌握的基本技能。

而《大学》则是围绕着“修身正己”提出了更为具体的途径。注重修身养性，是中华传统文化的精神特质。从孔子的“吾日三省吾身”，到经典名著《三国演义》中的“非淡泊无以明志，非宁静无以致远”，这都说明，修身养心是华夏文化的民族基因，也是成就自我、利益苍生的起点。

修身养性，是为了涵养德行，而一个真正有德行的人，不仅要让自己的内心世界变得更加丰富完美，更要通过自己的言行举动，给自己身边的人以感染与影响。

在古代社会，一个君子的基本修养就是要认知生命心性，在确立了对于生命心性的正确认知之后，能够启动心性来指导自己的行为，也才能够进一步修习出圆满的人格。有了至善的心性，才会有和谐的人生，而儒家的这种“和谐人生”，不仅体现在人与人之间的和谐上，也体现在人与社会的和谐，以及人与自然的和谐。

可见，《大学》对于人生观的塑造起到了重要的指向作用。《大学》提出，以个人修身养德作为人生的起点，逐步达到报效国家，平治天下的终极目的。通过提升内在修养而达成“内圣”，通过外在修养而达至“外王”。“内圣外王”便成为中华民族的理想人格，这也是儒家思想体系中最为核心的价值理念。如果说，“修身正己”是个人的价值追求，那么，“齐家、治国、平天下”，便成为君子实现自身价值的最终途径。

修身正己，如同琢玉

玉，因其独有的美感和品质，成为儒家实行人伦教化的一种独特方式。我们手中把玩的玉器，身上佩戴的玉饰，以及桌上摆放的玉摆设，哪一件不是经过能工巧匠的一番雕琢，才得以呈现出无限美感的？

唐太宗有言：“玉虽有美质，在于石间，不值良工琢磨，与瓦砾不别。”这句话说明，玉虽然得天地之灵气，含蕴着美的本质，但是，如果没有经过精细的雕琢和打磨，那么，它就与普通的石块瓦砾，没有什么区别了。

欧阳修在《悔学》中写道：“玉不琢，不成器；人不学，不知义。然玉之为物，有不变之常德，虽不琢以为器，而犹不害为玉也。人之性，因物则迁，不学，则舍君子而为小人，可不念哉？”

欧阳修

玉不经过雕琢，就不能成为美好的器物；人如果不经过后天的学习、教化，就不能知晓礼义。但是，玉作为一种具有天然美感的物品，即便不经打磨，它也是具备含蓄、温润等德性的，即便不能成为美好的器物，但玉的价值依然存在。可是，人的本性，因为外界的影响而发生诸多变化，人如果不经过后天的学习和教化，就很可能从一个君子沦落为小人，可见，对于人性的雕琢打磨，确实应该谨慎对待。

在儒家看来，修身正己的过程，就如同雕琢、打磨一块璞玉。琢磨玉器，靠的是能工巧匠的双手和工具，而修身养心，则需要通过后天的教化。

儒家所谓的“教化”，说的就是通过道德教育来感化人的心性，让人心风俗趋向于美好、友善。对于这种人心教化，儒家建立起一整套系统的理论，在儒家的道德观里认为：诸如仁义、智勇等美德并非每个人天生就存在，而是后天教化才能得到的结果。

德与善，并非人们生来就具备的，但是，经过后天的学习和教化，人人都会具备美好的道德情操。这正如，世上没有天生的圣贤，所谓的圣贤，都是后天磨炼的结果，而后天的磨炼，既离不开自身的修养，也离不开外界的教化。

自春秋战国时代起，人性的善恶问题以及修心养性问题，便成为中国思想学术领域的热门讨论内容。在诸子百家学说中，又以儒家学说对人性的问题探讨的程度最深。因为，只有对人性问题进行深入探讨，才能对于人的心性提出正确的认识，进而才能更好地完善自我，完善自我的目的，则是为了安抚民众。可见，儒家虽然从探讨个体的心性入手，可着眼点却立足于整个天下苍生。

儒家的人性论，始终与人格修养论和道德教化论紧密联系在一起。虽然，在儒家学说内部，有过“性善论”与“性恶论”的争辩，但是，即便是观点对立的学派，在教化与修养的必要性问题上，也达成了一致。

孟子

“性善论”的代表孟子认为，人们先天就存在的诸如恻隐、羞恶、辞让、是非等心性，都是仁、义、礼、智这四种道德品质的开端。正是因为人的内心存在这些善性，所以，在经过后天的学习和教化之后，内心的善性才会得到扩充和增长，人才能够成为圣贤君子。

在孟子看来，一方面“人皆可以为尧舜”（《孟子·告子下》），但是，另一方面又指出："人之有道，饱食、煖衣、逸居而无教，则近于禽兽。"（《孟子·滕文公上》）一个没有经过学习和教化的人，由于不能明白事理，没有道德观念，所以他与禽兽也差不多，只有通过学习与教养，才能完善品性、超越自我，成为真正的人。

而"性恶论"的代表荀子认为，"人之性恶，其善者伪也。"人先天就是性恶的，之所以表现出善良的行为，那也是经过后天教化而得到的结果。但也正因为人的本性丑恶，所以更需要后天的教化了，如果没有教化，那么人们这丑恶的本性也就无法整治了。

西汉思想家董仲舒提出"性三品论"。他认为，人的心性可以分为三种：一种是先天性善、不教而成的上品圣人之性；一种是先天性恶、教也不善的下品之性；这第三种就是，先天有善有恶、教而后能善的中品"中民之性"。大多数人都属于"中民之性"，而"上品之性"与"下品之性"，在人群中所占比例是极少的。正是因为"中民之性"可以通过打磨和雕琢而趋向善良，所以，后天的教化就格外重要。

儒家之所以重视教化，乃是基于对道德形成过程的正确认识。南宋儒家心学大师陆九渊在论述道德形成时认为"行为德之基"，即道德修养的形成，需要以实践作为基础。但是，注重实践不等于轻视理论。儒家认为，人们只有获得了道德知识，形成正确的道德认识，具备正确的道德观念，而后才能产生形成美善的人格，做出符合道德规范的行为。

对于道德的认识，又来自哪里呢？自然是来自外界的教化，以及自身的学习。《礼记·学记》讲“玉不琢不成器，人不学不知道”，强调学习的重要性，同时，又强调教化的重要。

但是，道德教化有一个漫长的过程，并非是一蹴而成的事。

陆九渊

所以，儒家一再强调，教化急不得、停不得，需要投入耐心，需要持之以恒。而且，儒家还提倡在教化的过程中，使用各种各样的方法，达到教化人心的目的。诸如诗歌、舞蹈、音乐，这些都是教化民心的手段，而这就是所谓的“乐教”。儒家认为，乐教能够寓教于乐，引领民众由美入善，教化心性。因为，音乐是将人们的内心情感，通过艺术的形式表现出来，它能够对人们的思想情感，起到潜移默化的感染作用。所以，“乐”就是一种精神上的渗透，人们时常接触这些美好的艺术，就能在欣赏艺术的过程中，让自己的心性趋向于美善。

教化之功，载道之器

春秋以前，玉的主要价值是用来祭拜天地、沟通人神，玉是一种礼器，具有光辉的神性。后来，随着孔子建立起“贵玉贱珉”的玉德理论，玉的价值也从神性转变为德性，玉具备了社会伦理的性质，更成为君子修身正己的榜样，就连治玉的过程，也被人为地赋予了修身的意义。

在儒学的经典篇章《大学》中，就集中论述了儒家修身、治国、平天下的思想。《礼记 · 大学》中写道：“古之欲明明德于天下者，先治其国；欲治其国，先齐其家；欲齐其家，先修其身；欲修其身者，先正其心；欲正其心者，先诚其意；欲诚其意者，先致其知。致知在格物。物格而后知至，知至而后意诚，意诚而后心正，心正而后身修，身修而后家齐，家齐而后国治，国治而后天下平。”

孔子杏坛讲学

这段话如果要说得再精炼点，那么用一句话就可以概括为“格物、致知、诚意、正心、修身、齐家、治国、平天下”。这正是《大学》里围绕着修身，列举出八个条目，而这八个条目，也可以视为对儒家人生观和价值观的高度概括，它既指明了人们行为选择的价值取向以及生活态度，同时也明确了个人的奋斗目标。

八条目都是“修身”的内容。“格物”“致知”“诚意”“正心”这四个是“修身”的方法。如果一个君子要修身正己、涵养德性，那么就需要通过这些途径来实现自己道德修养上的提高。而“齐家”“治国”“平天下”则是“修身”的功用。修身的根本目的并不是为着自己，而是为了天下，为了苍生，为了建立起一个大同社会。

青玉象耳六方瓶

"格物"是一种求真务实的态度，它要求人们在读书中求得知识，在日常生活中实践知识。在这之后，发现事物的规律，明辨道理。

"致知"就是要探究事物发展的规律性，要通过事物的表面现象，去探究事物的本来面目。只有通过自己的分析和辨别，我们才能分别出善恶、是非、对错。如此，才不会人云亦云，从而会形成自己看待问题的观点和态度。

"诚意"说的就是做人要诚实，不要弄虚作假，也不要强行表现出自己并不具备的品质，不矫饰，不做作，严格要求自己，以真诚的态度对待他人，而不是玩弄手段。

《大学》中所谓的"正心"，可以理解为摆正心念、端正态度，要及时发现并清理掉各种负面的情绪和不善的心念。当我们不被外部诱惑所干扰，我们内心就不会产生邪恶的心念。心念纯正，那么不论在什么时候，都会注意自己的言行举止。

"修身"既是要提高个人道德修养，更是要对自己提出更高的道德要求，要让自己在每一天都以崭新的精神面貌来示人。《大学》中讲的"修身"，正是齐家、治国、平天下的基础。如果一个人缺少"修身"的意识，那么，他即便再有才学，也很难担当起重任。因为，道德修养往往比学问更重要。在一个时代里，如果人人都是聪明有才学，但缺少道德涵养，那么很难想象这样的社会能够持续发展。

孔子向老子请教

《大学》里的“齐家”，本来指的是诸侯国的管理，后来引申为人们对于家庭的内部管理。要经营好一个家庭，首先就要教育好家庭成员，治理好小家，才能治理好大家。

说到儒家的治国思想，其实用四个字就可以概括，“以德治国”。《大学》里说的“治国”就是这个意思。以至善的德行来感化民众、教化民众，让民众切实地感受到德治带来的好处，民众就会发自内心地拥护这种德治，并且由于内心受到感化，自己也会趋向于以德行事。

“以德治国”最后要实现怎样的目标呢？《大学》里指出，“德治”的最终目标就是实现天下太平，这就是“平天下”。这种天下太平的世界，并非依靠武力得到的，而是通过德治、仁政才得以实现。

《大学》说：“知止而后有定，定而后能静，静而后能安，安而后能虑，虑而后能得。”这就是修身养性的程序。一个人只有提升了自身的道德涵养，才能以自己的实际行动去感化别人，但是，如果完全不知道如何提升道德涵养，那又遑论教化他人呢？

“知止”，指的是我们要对人生的目标、归宿和价值观，应该有明确的了解，而不能是模模糊糊的。人如果没有明确的目标，那么就只能浑浑噩噩地活着。而君子都有自己远大的目标，因此，他们才能自觉修身正己。

“有定”即是坚定不移地朝向目标前进。儒家规劝世人，要树立可行的、远大的目标，有了人生目标，你才能有前进的动力，才能约束自己，催促自己成长起来。也正是因为有了坚定不移的目标，我们的心才不会左右摇摆，才不会妄动，如果心能静定下来，何愁不能成就一番事业？

心中有目标，心能平静安定，在日常生活中人就能身心安详，言谈举止从容有度。面对别人的中伤、诽谤时，也不会做出过激

白玉讲学图山子

的行为。这就是“静而后能安”。

一个人在心智平定的时候，才能在思考问题的时候做到思虑周详，不偏听偏信，如此才能保持客观冷静的立场。

在思虑周详的情况下，人们才能得到圆满的结果，也就是走向人生的终极目标。而这个终极目标，正是儒家所倡导的“平天下”，即实现天下的太平。

寥寥数语，就揭示了修炼出儒家理想人格的过程。但是，这个修身正己的过程，要想坚持下去，并不容易。因为，人总会懈怠，总会放纵自己。所以，《大学》在提出修养目标以及修养方法之后，还提出了一个很重要的概念，那便是“慎独”。真正的君子，即便在一个人独处时，也能做到自律、自省、自觉，不论在何时何地，都注重个人的道德修为，对于道德品行的坚守，便是儒家道德修养学说的载道之器。

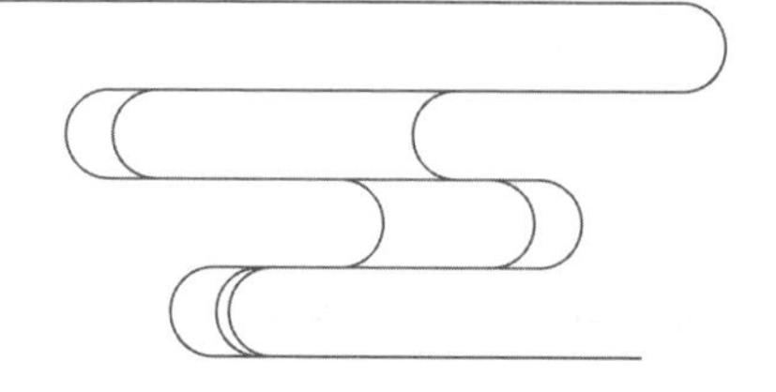

第三章

玉德之仁

包容天下的真心

“

孔子的伟大之处，便在于他提出的“仁”的理念，超越了家族和国家，成为全人类所应共有的品质。人有仁爱之心，才不会处处树敌，才能够推己及人，才能够挺立于天地之间，成就最高的道德人格。

儒学真谛，便是仁心

仁爱思想，是儒家道德观的核心和基础，其他的那些道德品质，都是围绕着“仁”而展开的。中国现代儒学大家徐复观认为：“‘孔学’即是‘仁学’。孔子乃至孔门所追求、所实践的都是以一个‘仁’字为中心。”

孔子在《礼记·表记》说：“仁者，人也。”“仁爱”的品质是每个人都具备的共性，也是人之所以为人的根本。如果一个人没有仁爱之心，那么，他就根本不配为人；如果一个人不肯增长自己的仁爱之心，那么，他最后也就与禽兽无异了。《吕氏春秋·爱类》中的一段话，颇能说明“仁”的本质：“仁于他物，不仁于人，不得为仁。不仁于他物，独仁于人，犹若为仁。仁也者，仁乎其类者也。”

翡翠怡然自得山子

人性的自然呈现，便是“仁爱”。“仁爱”既包括内在的情感，也包括外在的行为规范。“仁爱”是一种人性的呈现，但更是对人性的超越。孔子有言：“仁，远乎哉？我欲仁，斯仁至矣。”（《论语·述而》）仁爱之心很遥远吗？我只要一想到做人要怀有仁爱之心，那么，仁爱这种品质，就已经具备了。

仁爱之心，是一种内化的品德，而并非一种看上去很感人的外在表现。要成就一颗仁心，就要通过自身的努力，要凭借自身对道德的自觉方能达到，而不是仅仅依靠外力的强迫。所以，儒家格外重视内在感化的作用。儒家常说“以德服人”，也正是因为看到了德性对人的感化作用，才如此提倡。如果，我们每个人都能在道德修为上精进，而不是以说教者的姿态出现，那么，我们身边会有更多的人受到感染，与我们一同踏上修养道德之路。

那么，在日常生活中，我们应该如何修得一颗仁爱之心呢？孔子曾说过："仁者，人也，亲亲为大。"（《中庸》）仁爱这种精神，如果具体落实在生活中，那么首先就应该是"孝悌"，正如这句话所说："君子务本，本立而道生。孝悌也者，其为仁之本与？"（《论语·学而》）孝悌乃是树立起仁心的根本。

何为孝悌？孝悌者，即是对父母以及兄弟姐妹的爱。孔子认为，孝悌是做人的根本。如果一个人，连生身父母都不爱，连兄弟手足都不爱，那么，这样的人如何能够在社会上立足？如何能

翡翠敬老图摆件

够服众？更遑论做出一番事业来了。而那些孝敬父母、友爱手足的人，才真正具备仁爱之心的基础。所以说，要生发出仁爱之心，就应该先从对亲人的关爱开始。

作为一种外化的道德规范，“仁”具体表现为“礼”。用孔子的话来说就是，“克己复礼，为仁。”（《论语 · 颜渊》）这个“礼”，不同于我们平时说的“礼节、礼貌”，它有着更深刻的内涵。儒家的“礼”，是一种行为准则，是衡量一个人精神境界的标杆。在古代社会，人们通过礼法来约束自己的言行，不仅是平民百姓要这样做，帝王人臣更是如此。若是判断一个人的道德境界到底如何，那么就看他能不能克制私欲、坚守礼法。

中国当代哲学家冯友兰说过：“人的精神境界有四种：自然境界、功利境界、道德境界、天地境界，这四种境界一层比一层高。”能够达到天地境界的人，才是真君子，而这也正是儒家所追求的理想人格。

当仁爱之心，成为一种社会规范时，“仁”便具备了原则，而超越了个人的喜好。孔子说：“唯仁者能好人，能恶人。”（《论语 · 里仁》）一个具备理智而且道德高尚的人，他不会根据自己的私心而喜爱谁、憎恶谁，他有着鲜明的善恶原则，所以，他能分清善恶，但不会因为私心而有所偏颇。

青玉三老图山子

真正的“仁”者，在对待问题和他人时，不会掺杂个人的私情，一切从原则出发，一切从社会规范出发。

在孔子看来，“仁爱”不仅是一种品德、一种道德规范，更是人格境界。孔子说：“仁者必有勇，勇者不必有仁。”（《论语·宪问》）真正怀有仁爱之心的人，必定是真正的勇士，他没有私欲，不会因为个人的私心而做出偏袒之事，所以，他会成为一名真正的勇士。

“仁”这种品德的提升过程，有始而无终，如果谁能把追求仁爱精神，当作自己的人生目标，那么，此人必定是自觉追求人格境界的真君子。孔子的政治理想，便是建立一个仁德的社会。孔子的人格理想，也是成为一个具备仁爱之心的人。孔子说：“好仁者，无以尚之。”（《论语 · 里仁》），能够成为仁者，便是一个具备完满道德的人了。但是，很少有人具备充盈的仁爱之心，而我们能够成为一个“好仁者”，便已经是对自己提出了道德修养上的目标，已经算是踏上了成为君子的道路。

中国当代哲学家韦政通指出：“仁落在实践的过程中，是一个无限的历程，是一个阶段一个阶段升进的，任何人都不能全幅实现。”虽然，我们很难成为一个道德圆满之人，但是，我们可以通过不懈的努力，成为一个追求圆满道德之人。

一个真正的儒者，会在实践之中不断提升自己的仁德境界，并且，永远没有自足自满的时候。儒学以伦理学为主要内容，而这伦理之中最为根本的，便是“仁”。难怪有人说，儒学即是仁学，孔子提倡的诸多道德品质中，又以“仁”最为核心。“仁”是一种超越了寻常道德的品质，是人格发展的最高境界。

孔子的伟大之处，便在于他提出的“仁”的理念，超越了家族和国家，成为全人类所应共有的品质。人有仁爱之心，才不会处处树敌，才能够推己及人，才能够挺立于天地之间，成就最高的道德人格。

仁爱精神，古今共识

儒家学说，以人为本位，讨论的是如何做人，以及如何处理人际关系。儒家追求的理想人格，是成为具有大同思想、具有仁爱精神的道德君子。而追求仁爱精神，则是古今大儒的共识。

著名学者牟钟鉴指出："儒家人学有两大支柱，一曰仁学，二曰礼学。"而这个"仁学"，便是儒家学说的人生哲学，它不单单是教给人们如何为人处世，更涉及心性修养、人格境界等终极方面。同时，仁学还关系到中华民族的精神发展走向。所以说，要想通晓儒家思想，不可忽视仁学方面的研究。中华民族的知识分子，正是在仁爱思想的浸润下，才建立起高远的人生理想，而"仁爱"精神作为一种独特的文化价值理想，更是帮助中华民族度过了历史上最艰难的黑暗时刻。

早期的儒家思想以孔孟作为代表，他们提倡“仁爱”，并且把仁爱精神视为培养理想人格的基本要素。在孔孟的思想学说里，关于“仁”的阐释非常丰富，归结于一点，“仁”便是一种普遍的同情心，是人类之间的友爱。曾经，这种人类之间的友爱，被社会各阶层之间的对立观念给割裂了，但是，孔孟重新发现了这种仁爱，他们在自己的学说中加以提倡，并极力地主张仁爱精神是维系人类的根本。

在孔孟仁爱思想的基础上，墨子提出“兼爱”的说法。但是，墨子虽然也提倡人类之间要互相友爱，但他并没有提出切实可行的方法。所以，墨子的想法虽然很好，但却只是停留在理念上。

墨子

孔子在提倡仁爱思想的同时，也提出了具体的实践方法。他认为，培植仁爱之心，首先应该从关爱家庭成员开始做起，一个人先要孝敬父母、关爱手足，他才能逐渐地培养出对其他人的爱。

与孔子略有不同的是，儒家思想初期的代表者孟子，则把仁定义为“恻隐之心”，也称为“不忍人之心”。在孟子看来，“仁”是一种极为强烈的同情心，是成人之道，一个缺少仁爱之心的人，那不能完全的称为“人”，因为他的心智和道德并未成熟。“仁爱”之心的根本，就在于这种恻隐之心，这也是春秋战国乃至汉唐儒家的共识。比如《礼记 · 乐记》中就有“仁以爱之”的说法，而扬雄在《太玄 · 玄滩》中写道：“周爱天下之物，无有偏私，故谓之仁。”到了唐代中期，大儒韩愈在《原道》中提出“博爱之为仁”的理念，将孔孟的仁爱学说进行了扩展。

儒家思想发展到中期，出现了两位仁爱学说方面的代表人物，他们就是朱熹和王阳明。朱熹把仁爱精神继续进行扩充，建立起“天人一体”的仁学思想。朱熹的仁爱思想，受到《周易》的启发，他提出：“天地之心别无可做，大德曰生，只是生物而已。”（《朱子语类》六九）以往，人们认为自然界是无生命的，而在朱熹看来，不仅天地万物是有生命的，就连整个宇宙，都是一个巨型的生命体。孔孟提出的仁爱精神，还只是局限于同类之间，而到了朱熹这里，仁爱精神就充盈在宇宙天地之间了。

朱熹

王阳明

明代著名哲学家、思想家王阳明说："盖其天地万物一体之仁，疾痛迫切，虽欲已之而自有所不容已。"（《答聂文蔚书》）所谓仁爱之心大概就是如此：见到同类受苦受难，内心就会觉得痛苦不堪，见到鸟兽等其他生物遭难，内心也会难过不已，因为，在一个仁者看来，天地万物没有分别，是为一个整体。

晚近时期的儒学大家以谭嗣同、康有为、梁启超等人为代表。他们生活在清末时期，既吸收西学，又综合诸子百家，提出的仁学思想带有鲜明的时代特点。

由于所处时代的原因，谭嗣同等人在激烈批判封建纲常礼教的同时，又提出了具有创新性的仁学理念。谭嗣同在《仁学》一书中指出："仁以通为第一义。"此处的"通"，正是谭嗣同在受到近代西方文明的影响下提出的。"通"即是要冲破种族和国家的界限，打破中西方世界的界限。牟钟鉴认为，谭嗣同的仁爱思想，"站在近代社会的高度去批判传统社会的专制主义、宗法制度等闭塞守旧的过时事物"。（《儒家仁学的演变与重建》）

康有为的仁学思想，也是站在近代社会的高度提出的，他的理想就是建立一个大同社会，而他心目中的大同世界，是一个"至平、至公、至仁、治之至"（《大同书》）的世界。在这样一个大同世界里，一切众生都具有平等的社会地位，人与人之间不存

谭嗣同

康有为

在倾轧与剥削，没有欺压与专制，这是一个真正以仁爱构建起的社会。只是，康有为的仁爱理念虽然超前，但在当时的中国社会，并不具备可行性。

梁启超受西方伦理学思想的影响，提出他的主张：“真能爱己者，不得不推此心以爱家爱国，不得不推此心以爱家人、爱国人，于是乎爱他之义生焉。”（《十种德性相反相成义》）在梁启超看来，仁爱思想与利己主义并不是完全不能调和的，一个真正爱自己的人，在加以引导的情况下，也能做到爱人，而不会成为完全的自私自利者。梁启超还赋予仁学以新的内涵，他认为，新时期的仁爱思想，应该包含自省、独立、利群和爱国的精神。

虽然，在儒家思想不同的发展阶段，这些代表人物的观念各有不同，但总的来说，仁爱思想，是古今一切大儒的共识。他们站在各自的历史时期，围绕着仁爱思想，提出具有鲜明个人风格的解读。

对于现代社会来说，如果能够贯彻“仁者爱人”的思想，人人以“仁爱”作为自己的道德理想追求，那么，我们的家园必定变得更加和谐，我们的人际关系也必然会愈发友善。

仁礼为纲，儒学大成

儒学，以伦理为中心而区别于中国的道家学说。而儒家学说的两大支柱，一是仁学，二是礼学。仁学，可以视为人生哲学，而礼学则是社会行为学，是仁的外在表现。

孔子作为儒家学说的开创者，他的儒学思想主要以“仁”为核心，但是，孔子的儒学思想尚未上升到哲学高度，而“仁、礼”等观念，都局限于伦理层面。孔子的“仁爱”学说，指明了中华民族发展的精神方向，而且还是儒学思想中精华较多的部分。后代的儒学思想家，多围绕着“仁”的思想进行阐述，并且，以“仁”作为自己精神境界的提升目标。

孟子对孔子的思想进行了发展，他提出“仁政”学说，并且首倡“人性善”的观点。《孟子·告子上》：“恻隐之心，人皆

翡翠携琴访友山子

有之；羞恶之心，人皆有之；恭敬之心，人皆有之；是非之心，人皆有之。恻隐之心，仁也；羞恶之心，义也；恭敬之心，礼也；是非之心，智也。仁义礼智非由外铄我也，我固有之也。”

在孟子的思想理论中，道德规范被概括为四种，即仁、义、礼、智。这是孟子在孔子“仁”的基础上进行的扩展。同时，孟子还把人伦关系概括为五种，即父子有亲、君臣有义、夫妇有别、长幼有序、朋友有信，这是孟子在“礼”的观念上，对人伦关系进行了扩充。

孔孟作为早期儒家仁学的代表，他们的仁德思想集中体现出人道主义的性质。在当时的社会条件下，孔子提出“爱有差等，施由亲始”的观念，这对于普通百姓来说，是比较容易接受的。人们先从孝敬父母、友爱手足开始做起，然后才能推己及人，由近及远，以至于达到“四海之内皆兄弟”的精神境地。

孔子和孟子都主张，友爱别人、关心别人不是形式上的工作，而是发自本心的情感，它应该是真实朴素的。但也正因如此，“仁爱”才是一种难能可贵的品质。从孔孟的仁学思想里，我们不难发现，作为一种道德品质，“仁爱”是每个人先天具有的。但是，我们具备仁爱这种品性，却还不足以成为真正的君子，还应该不断地提升自己的人格境界。并且，“仁”作为衡量道德的标杆，它的作用在于明辨善恶、安定心性，乃至普济众生，建立大同社会。

在秦朝，由于秦始皇焚书坑儒，大多数经书都丢失了，所以到了西汉时期，出现了古文经学。在汉武帝时期，儒家学说成为主流，并且得到朝廷的鼎力支持，出现了“罢黜百家，独尊儒术”的局面，而这一建议的提倡者，便是汉代大儒董仲舒。

董仲舒以《公羊春秋》为依据，将周代以来的宗教天道观，与阴阳五行学说相结合，吸收法家、道家、阴阳家等各家思想，建立起一个全新的思想体系，这就是“天人合一”的理念。董仲舒的“天人合一”思想，成为汉代的官方统治哲学。

董仲舒认为，“道之大原出于天”，不论是自然，还是人事，都受制于“天命”，所以，反映天命的政治秩序和政治思想，都应该是统一的。这就是他的“大一统”思想。也正是从董仲舒开始，儒家的伦理思想被概括为“三纲五常”。“三纲”即“君为臣纲”“父为子纲”“夫为妻纲”，“五常”指的是“仁、义、礼、智、信”。纲常思想由此成为中国儒家伦理文化中的重要组成部分。而董仲舒提出的“大一统”思想和“三纲五常”思想，更是对我国传统文化产生了深远的影响。

汉武帝采纳了董仲舒的建议之后，儒家思想便成为一种官方哲学。直到今天，儒家思想都是中华民族的主流思想，并且，在不同的历史阶段，儒家思想起到的社会作用也不尽相同。但是，从整体来说，儒家思想为华夏民族提供了凝聚力和向心力，儒家思想中的“仁爱”学说，也为历朝历代的知识分子，指明了人格修养的方向。在“仁爱”学说的发展过程中，“仁”逐渐形成为一种文化积淀，成为一种民众观念。

董仲舒

从先秦时期儒学产生，经由董仲舒而推向一个儒家思想的新高潮。到了唐宋时期，大儒韩愈又进行了发展。及至两宋时期，理学实际创始人周敦颐、邵雍、张载、二程兄弟，把儒家的仁学思想与道学思想结合起来，创建出儒家的宇宙观。而南宋的朱熹则成为理学的集大成者，他与明代的王阳明，共同成为“宋明理学”的代表人物，把孔孟提出的“仁爱”思想，提升到了哲学的高度。

张载

如果说，先秦时期的儒家思想，还只是作为伦理道德观存在的话，那么，在宋明理学这里，儒家思想简化为一个“理”字，但内涵却比之前要丰富多了。“理”先于天地而存在，“仁”则是每个人的先天本性。

儒家思想下一个发展高峰，便是近代的“新儒学”思潮，这是近代西方文明输入中国以后，与古老的东方文明进行碰撞交融，产生的一种新儒家学派。“仁”的思想，被赋予了时代意义，“仁”的行为，也突破了原有的人伦关系。在新儒家学派那里，“仁”不仅是与天地共存的一种品质，更是突破国家和民族界限的一种人类内部的连接。我们也期待现代的儒学之仁能够开出更灿烂的玉德之花。

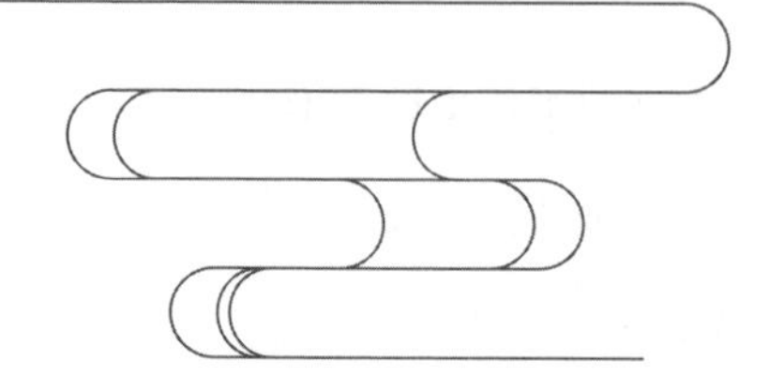

第四章

玉德之义

行走天下的君子们

“仁”是“义”的内在根本，“义”是“仁”的外在表现。仁是一种内在的道德品性，更是一种人伦情感，而义则是社会公理，将内在的道德品性和人伦情感展现出来。

君子之义，华夏之魂

作为中国传统价值观中的核心问题，义利关系一直是人们讨论的重点内容。春秋战国时期，社会结构和阶级关系发生急剧变动，诸子百家的学术思想如同百花齐放，他们围绕着社会巨变中的种种问题，纷纷提出各自的观点，而义利关系是其中一个主要的基本理论问题。各家各派在讨论这个问题时，有着不同的看法和主张，而先秦儒家在义与利的价值关系中，主张君子应以“义”为重，同时兼顾“利”，这就是君子之义，其根本特点是“义以为上”“义然后取”“义以生利”。

先秦儒家以孔子、孟子、荀子为代表，他们的义利观最为全面和深刻。儒家提出的“君子之义”，对中国社会产生了广泛而深远的影响。

何为“君子之义”？孔子一方面强调“君子义以为上”（《论语·阳货》）“君子义以为质”（《论语·卫灵公》），把体现了统治阶级根本利益的“义”，作为道德原则和社会准则。

孔子演说《周易》

另一方面，孔子又认为追求财富和利益，那是人之常情，不应苛责。但是，不论是谁，在追求财富和利益的时候，其行为都必须受伦理道德的约束。只要这种追求财富的行为合乎道德规范的要求，那么，不论从事何种职业，以何种方式来求利，都是可以的。反之，如果追求财富和利益的行为，不符合道德规范要求，就应抱着“不义而富且贵，于我如浮云”（《论语·述而》）的态度，坚决拒绝，这就是孔子所谓的“君子之义”。孔子对利义关系有着多方面的论述，他的这些观点，奠定了儒家义利观的思想理论基础。

桃园三结义山子

儒家学派的代表人物孟子，在孔子对“君子之义”的阐释上又进行了发挥。孟子认为，利乃是人们的道德水平能够提高的前提，虽然求利是人的本性，更是人们能够生存发展的必要基础，但是在利之外还有更高层次的价值存在，这就是义。合乎道义的利，才是人们应该追求的。如果忽视了道义，盲目地追求利益，那么人就会私欲膨胀，社会必然纷争不断。所以在义利的地位上，孟子把“君子之义”提高到一个新的层次，孟子所倡导的“义”，甚至超越了生命。

孟子说：“生，亦我所欲也；义，亦我所欲也。二者不可得兼，舍生而取义者也。”（《孟子 · 告子上》）义，是人生至高无上的境界，是人们追求利的最终目的。孟子的这种义利观，是以“性善论”作为理论基础的。孟子认为，仁义礼智这些道德规范是人心中先天就具备的良知良能。

继孟子之后战国后期最重要的儒学大家便是荀子，荀子肯定了追求利益是人之本性，但是，必须对人的好利行为进行约束，荀子把这种约束称为“以义制利”（《荀子 · 正论》）。“以义制利”是一种社会机制，目的是协调人们之间不同的义利关系。正是有了这种协调机制，人们才能相互合作、相互协调，结成因合作而共存的社会群体，人类社会才能够得以存在和发展。

荀子

荀子有言“先义而后利者荣，先利而后义者辱”（《荀子 · 荣辱》）“保利弃义谓之至贼”（《荀子 · 修身》）。到了荀子这里，先秦儒家义利思想便完成了系统的理论构建。

从先秦时期的儒家思想代表者对利义关系的阐述中，我们可以发现，孔子、孟子和荀子把“义”这种道德价值和“利”这种物质价值，是放在同等重要的地位的。而所谓的“君子之义”，在先秦儒家思想家看来，就是在追求富贵利益的同时，能够坚守道义，坚守公理。

但是，到了两汉时期，“义”的内涵及其发展方向，就发生了根本性的转变，这种转变，自西汉大儒董仲舒开始。

作为两汉时期儒家思想的代表人物，董仲舒彻底抛弃了荀子的义利观，而复归于孔孟，义成为一种内在的价值标准。并且，在对待义与利的关系上，董仲舒更加极端化、绝对化。

董仲舒认为所谓的“君子之义”，就是崇义而去利，人不能为了一己私利而争取，否则就不能算是真正的君子了。董仲舒提出“正其谊（义），不谋其利；明其道，不计其功”（《汉书·董仲舒传》）的义利观，又因为西汉“罢黜百家，独尊儒术”的政策推行，使得儒家义利观成为当时乃至后世社会普遍接受的价值取向。

董仲舒认为：“春秋之所治，人与我也。所以治人与我者，仁与义也。以仁安人，以义正我，故仁之为言人也，义之为言我也，言名以别矣。仁之于人，义之于我者，不可不察也。众人不察，乃仅以仁自裕，而以义设人。……凡以暗于人我之分，而不省仁义之所在也。是故《春秋》为仁义法，仁之法在爱人，不在爱我。义之法在正我，不在正人。我不自正，虽能正人，弗予为义。人不被其爱，虽厚自爱，不予为仁。”（《春秋繁露·义证》）

在董仲舒看来，仁的核心思想是爱别人，而不是爱自己，所以，

翡翠千里访友山子

义的基本内核也在于为他人考虑，而不是为自己考虑。义，不仅是一种社会伦理道德，更是一种政治制度。

儒家思想发展到宋代，出现了二程和朱熹等一批儒学大家，而朱熹对“义”的阐释，则比较具有代表性。朱熹说：“义者，心之制也，事之宜也。”（《四书集注章句·孟子集注》卷一）“义者，此心之制之谓也”。（《朱文公文集》卷七十五）。在朱熹看来，“利”是人内心的私欲，计较私利，便是不顾天理，因而是毫无正当性可言的。而“义”则是“天理之所宜”，一个人只有靠着对自己内心的管束，以及外在天理的制约，才能让自己的道义圆满、完善。

在当今社会，世风日下、物欲横流的现象比比皆是，这说明，现代人们对义与利的关系出现了扭曲的认识，而我们应该从历代大儒对君子之义的阐释中吸收养分，再结合现实情况，发掘出适宜当代的思想。

仁义之道，君子之风

儒家的核心理念是“仁”，而在古代社会乃至当今，仁与义都是不可分割的一个整体。其实，儒家思想以仁、义、礼、智、信这“五常”作为道德修养层面的五个方向，不仅涵盖了人们道德生活的主要内容，更为后世人们在道德修养层面的提高指明了具体的方向，“仁义之道”也被视为一个君子应该具备的道德操守。我们常说：“仁义之道，君子之风。”这便是对一个人道德品质方面的最美好的赞誉。

孔子把仁德放在伦理道德的首位，而仁与义又有内在联系，所以，孔子将义提到了道德行为规范的地位，这正与仁德原则相对应。

孔子认为，义作为全社会应当遵守的道德规范，具有至高的性质。“君子义以为质”（《论语 · 卫灵公》）“君子义以为上”（《论语 · 阳货》），这些都充分说明，在孔子的心目中，一个君子应该以“义”作为衡量自己言行的尺度。

“仁”是儒家思想的核心价值，它有两个层面的指向，一是人的内在情志，二是人们外在行为的规范。“义”则是行为的最高原则，也是衡量一个人道德规范的标准。“仁义”与华夏民族的生活观念紧密相联。

最初，孔子的儒学理念中，仁与义并没有很紧密的联系，只是到了孟子那里，仁与义才开始形成为一个整体。在孔子看来，

碧玉伯牙抚琴摆件

仁与义是“分离”的，而孟子则实现了仁与义的综合和贯通。在《孟子·梁惠王上》中，有这样一段文字：梁惠王提问孟子，“叟不远千里而来，已将有以利吾国乎”？孟子回答说：“王何必曰利？亦有一义而已矣。”孟子已经认识到，纯粹谈利，就可能会误导人们，让人们误解了义的本来意义，而“仁义”则是比利益更为高尚的东西，所以，谈到义的时候，必然会与仁联系起来，因为只有人们先具备了仁爱的精神，才能做到真正的义气。

在论述生与义的关系时，孟子说过：“生，亦我所欲也；义，亦我所欲也。二者不可得兼，舍生而取义者也。”（《孟子·告子上》）

作为一个人，生存本来是人生的一大利益，但是，当生存与仁义发生不可调和的冲突时，真正的君子就应该“舍生取义”，就这一点来说，与孔子的“志士仁人，无求生害仁，有杀身以成仁”（《论语·卫灵公》）是相契合的。

在孟子那里，仁与义不仅作为道德价值标准而存在，更成为人性本然的表现。因为，孟子一向宣扬的是“性善论”，由性善论而发展出“恻隐之心，仁之端也；羞恶之心，义之端也；辞让之心，礼之端也；是非之心，智之端也。人之有是四端也，犹其有四体也”。（《孟子·公孙丑上》）

翡翠松下迎宾山子

在孟子看来，仁是人性原本具备的品质，而义则是在仁的作用下表现出来的外在行动。但是，作为儒家学派的另一位代表人物，荀子却以性恶论为基础，提出“隆礼重法”的思想，他指出，礼法与道义应该并重，因为，人们的本性并非善类，只有接受了外在教育，学习了礼法之后，才能晓得道义的重要性，才明白如何行动，才可以称得上是举止得体、仁义有法的君子。

作为儒家重要的伦理范畴，“仁义”的概念在最初的时候本是仁爱与正义，在《礼记·曲礼上》中就有相关论述：“道德仁义，非礼不成。”只不过，到了孟子这里，仁义的概念才被隆重推崇，而到了西汉时期的大儒董仲舒那里，“仁义”作为传统道德的最

翡翠江上送别山子

高标准，才得到大力的宣扬。

两宋时期，理学家更加注重对仁义的概念进行阐释与发扬，“仁义”才成为传统道德的别名，流传于后世。融入中华民族血液中的经常说的“仁义道德”，便是经由两宋时期的经学家的演绎才得以形成的概念。在两宋时期，出现了“人欲”与“天理”之间的论战，而“人欲”与“天理”其实就是利与义之间的辩论。两宋时期的理学家们高举“存天理，灭人欲”的旗帜，虽然这种行为过于偏激，但是，也可以视为对自私自利的人心的匡正，更是对孔子的仁义思想进行的新阐释。也正是经过理学家的阐释，“仁义思想”成为了儒家思想的要义。

在儒家思想形成之初，仁与义同为道德学说中的两个重要范畴，之后，才发展出政治伦理方面的含义。其实，仁义还可以是一对相辅相成的范畴，这其中的辩证关系，可以从情与理、内与外、人与我等几个方面来讲述。

“仁”是“义”的内在根本，“义”是“仁”的外在表现。仁是一种内在的道德品性，更是一种人伦情感，而义则是社会公理，将内在的道德品性和人伦情感展现出来。如果说，仁是人之所以为人的内在根本，那么义就是君子之所以能够独立于天地之间的外在行为。仁，体现出的是人与人之间的关系和情感，人与人之间的联结，离不开仁爱作为基础；而我们与他人若要相处得好，首先就要做个遵守道义之人。试问世上有几人愿意与那种不守道义的人共事呢？所以说，在具体的道德实践中，“仁”已经突破了原先代表的亲情之爱，而扩展为一切人类之间的友爱，而“义”也超越了最初的社会公理方面的内涵，成为维系良好的人伦关系的种种日常行为。

在后期的儒学思想中，仁义已经达成了内在的和谐统一，从董仲舒所谓的“仁义法”开始，仁义就结合成为一个整体，而仁义思想在现代社会依然具有道德规范性，并依然是我们中华民族的优良传统美德。

古今君子，舍生取义

作为儒家思想中一个重要概念，“义”在不同的时代，有着不同的行为表现，展现出不同的维度。古今君子也用自己的一言一行，践行着国家之义、个人之义、朋友之义。

春秋前期的卫国国都在如今的淇县，当时名为朝歌。卫国的有位大夫名叫石碏，为人仁厚中正。卫庄公有三个儿子，大子完、次子晋、三子州吁，其中州吁最得卫庄公的宠爱，因此从小养成暴虐无度的恶习，做了许多祸害百姓的事情。

石碏几次三番劝说卫庄公好好管教州吁，可卫庄公根本不听。石碏的儿子石厚，天天与州吁胡作非为。石碏为阻止儿子闯祸，就把他一顿鞭打之后锁在家中。不想石厚偷偷逃走，借住在州吁那里，这两个人比之前更加暴虐，做下更多坏事。

石碏大义灭亲

庄公死后，公子完继位，史称卫桓公。卫桓公懦弱无能，无法管理朝政，石碏便告老还乡，远离朝堂。此后，州吁更加横行霸道。终于，州吁夺取了兄长的王位。之后，州吁为了制服国人，立威邻国，就贿赂鲁、陈、蔡、宋等国，征集青壮年去打郑国，这样一来就弄得劳民伤财，民众叫苦不迭。

长年的征战，让百姓怨声载道。州吁见百姓不拥戴自己，就决定请石碏出来共掌国政。州吁派大臣带白璧一双、白粟五百钟去请石碏重回朝堂。可石碏拒收礼品，推说自己病重，无法担任朝政管理之事。石厚亲自回家去请，石碏依然不肯出仕，并且动了铲除国家祸根的念头。

石碏假意答应要重回朝堂，他让石厚备上厚礼，前往陈国，与陈国修好。同时，他割破手指，写下血书，派亲信事先送到陈国。血书中写道："我们卫国已经民不聊生，固然是昏君州吁所为，但是我的逆子石厚助纣为虐，罪恶深重。二逆不诛，百姓难活。我年老体衰，力不从心。现在，这两个贼人已驱车前往贵国，实老夫之谋。望贵国将二贼处死，此乃卫国之大幸！"

陈国大夫子针，与石碏是多年的故人，见血书，奏请陈桓公，桓公于是下命将州吁、石厚抓住，准备斩首，群臣奏道："石厚是石碏的亲生儿子，应该慎重行事，还是请卫国自己来问罪吧。"卫国的大臣们也说："州吁首恶应杀，但石厚是从犯，应该免于死罪。"石碏正色道："州吁的罪过，都是我那不肖子从中教唆，你们说可以从轻发落他，难道使我徇私情而抛大义吗？"朝臣们一片默然，石碏的家臣羊肩说："您不必动怒，我这就前往陈国办理这件事。"

为了自己的国家，石碏能够做到大义灭亲，史官把这件事记录下来，人们传颂至今。这就是君子之义，为了国家和百姓的利益，宁可牺牲自己的骨肉。

在中国的历史上，这些体现出君子之义的故事，还有很多，比如"苌弘化碧"就是一例。周敬王时期，有位大臣叫刘文公，

孔子向苌弘请教

刘文公手下有位大夫名叫苌弘。苌弘为人中正耿直、不卑不亢，有浩然正气，忠义无双。但是，他因为性情正直而得罪了晋国权贵，所以被人陷害，蒙冤被杀。苌弘被杀时，蜀国人仰慕他的忠义，因而慕名收集他的血液，藏在家中，三年之后，苌弘的这些干血块全都化为碧玉。这件事传出去后，天下人才知当初苌弘是蒙冤而死，有个成语叫“苌弘化碧”，用来形容一个人性情刚正、忠义，就是源自于这个故事。

这种家国大义有代代相传的基因，在《北齐书 · 元景安传》中记载着这样一个故事：北朝时期，东魏的孝静帝被迫让位给丞相高洋后被害，同时，高洋还杀害了他的儿子及所有亲属，为的是要斩草除根，永绝后患。之后，还扬言要他的远房宗族都改成高姓，否则便全部杀掉。族人元景皓表示，大丈夫宁为玉碎，不为瓦全。最终元景皓被奸臣告密，惨遭高洋的杀害。而“宁可玉碎，不能瓦全”这个成语也就流传下来，用来形容一个人的忠义，宁可为了坚持正义而献出生命，也不愿苟活在人世间。

同样是在南北朝时期，南方的梁朝有个人名叫甄彬。某天，他拿着一束苎麻去寺庙的钱库典当，后来他赚了些钱，就赎回了这束苎麻，但是他回家之后竟然意外地发现在苎麻中居然有五两金子，于是甄彬就返回寺庙，把这些金子还了回去。

青玉竹节纹提梁壶

梁武帝尚未登基时，就听说了这件事，等他做了皇帝，就选拔甄彬前往四川省郫县担任那里的县令。当时和甄彬一起去的，还有另外五个人，梁武帝告诫他们做事要谨慎，要坚守道义。但是到了甄彬面前时，梁武帝却这样说："寡人以前就听说过你拾金不昧的事，知道你是个信守忠义之人，所以我就不用再叮嘱你什么了。"甄彬走马上任之后，果然忠义无双，擅于管理，一时间，他所管辖的地方民风忠厚，人人都信守道义。

近代学者许止净评论这件事时说：经传里讲，在君子的眼里，看见的都是美好事物；小人的眼里，却只能看见猥琐的东西。君子在面对利益时，首先想到的是礼义，所以他们品德高尚，身名俱正；而小人一见到利益，就忘记了礼义，结果不但自己声名狼藉，而且得不到丝毫好处。所以一个真正具有智慧的人，不会贪图眼前的小利益，而是会从道义的角度去看待问题，而往往这样做，最终得到的结果都不会太坏，甚至还会大大超乎人们的预想。

《论语·里仁》里有云："君子喻于义，小人喻于利。"君子在乎的，是一条适宜自己也适宜民众的正义之路，而小人眼中见到的，就只是自己的私欲。小人心心念念考虑的是自己，因而小人永远不能修炼到君子那般的道德高度，也不能理解君子的道德尺度，但是，君子之义却始终是中华民族精神发展的前进方向。

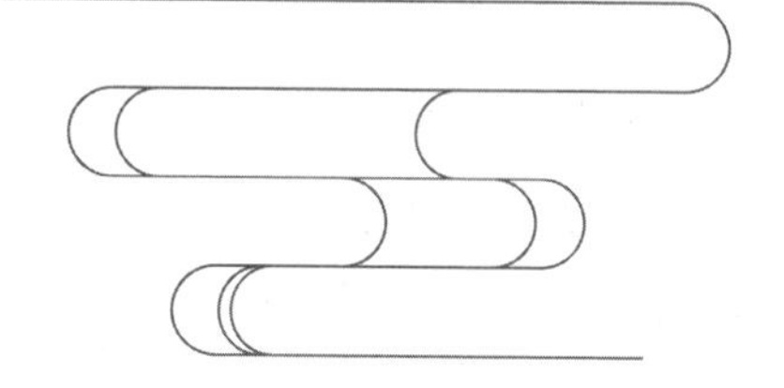

第五章

玉德之礼

礼教背后的士大夫

具体来说，我们既可以把“礼”视为帮助个体修正自我的一种外在道德规范，同时，还可以把它看成是协调人际关系、稳定社会秩序的礼仪形式，并且，还是使国家臻于至治的政治制度。

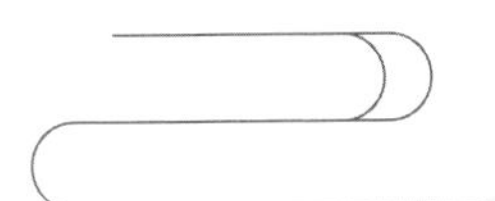

君子之礼，才是真正的王道

礼是儒家学说的重要组成内容，礼的思想建立在孔子仁爱思想的基础上。儒家的礼学思想，注重实践、体察人情，能够遵守君子之礼的人，才能真正赢得人心，儒家思想认为“礼治”好过“法治”。

那么，什么是“礼”呢？“礼”是传统社会的典章制度和道德规范，它包括日常生活中的礼仪、礼节，也包括维护上层建筑的政治制度。在孔子之前，礼制就已经出现，夏、商、周这三个朝代已经产生了礼制规范，而到了春秋时期，却出现了礼崩乐坏的局面。也正是在这样的社会局面下，孔子才大力提倡礼的思想。

孔子说：“非礼勿视、非礼勿听、非礼勿言、非礼勿动。”（《论语·颜渊》）不符合礼教的东西不能看，不符合礼教的话语不能听，

颜子

不符合礼教的内容不能说，不符合礼教的事情不能做。

孔子的这段话，本是回答弟子颜渊的问题。颜渊问他，怎么做才能符合仁、符合礼？孔子就说出了上面那段话，为人们指明了行动的方向。可见，要让自己的行为符合仁义与礼仪，就要按照孔子指出的这些方向来行动。

在谈到“礼”的问题时，总是离不开“仁”，因为，仁就是礼的理论基础。颜渊向孔子求教，怎样做才能达到“仁”的道德境界。于是，孔子回答：“克己复礼为仁。一日克己复礼，天下归仁焉。为仁由己，而由人乎哉？”（《论语·颜渊》）

有子

要达到“仁”的道德境界，就要用“礼”来克制自己，要按照礼的要求去做，这就是仁。一旦你能这样克制自己，按照礼的要求去行动，那么，天下的人就都会赞许你的仁行。要实行仁德，关键在于自己如何行动，难道还在于别人吗？

那么，礼制应该如何应用呢？或者说，礼对于现实生活有什么价值？有子说：“礼之用，和为贵。先王之道，斯为美。大小由之，有所不行。知和而和，不以礼节之，亦不可行也。”（《论语 · 学而》）

有子说过：“礼的应用，以人际和谐最为可贵。古代君王的治国方法，还有古代的贤人流传下来的道理，最可贵的地方就在于依照礼制来行事。无论大事小情，如果只是死板地按照和谐的办法去做，有时候也难以行通，这是因为，为了人际关系的和谐而硬要和谐，而不是依照礼制来指导行为，那就是不可行的。”

身为君子，应该以礼行事。但是，世人依然会误解那些遵循礼制的人。比如，孔子就说过：“事君尽礼，人以为谄也。”（《论语·八佾篇》）孔子的意思是：我完完全全地按照周礼的规定，为君主做事情，但即便如此，依然有人以为我在向君王谄媚呢。

孔子在自己一生之中要求自己严格按照周礼的规定事奉君主，这是他的政治伦理信念。但这种遵守礼制的行为，却受到别人的讥讽，认为他是在向君主谄媚。这就说明，一个真正的君子要遵照礼制行事，是要承受极大的社会压力的，因为，孔子所处的时代，礼制已经崩坏，当时的君臣关系已经遭到破坏，已经没有多少人再重视君臣之礼了。

孔子所处的春秋时期，礼制崩坏到什么地步呢？从《论语·八佾篇》中，我们可以见出当时的社会现状：“居上不宽，为礼不敬，临丧不哀，吾何以观之哉？”孔子说：“处于上位的人却不具有宽容仁爱之心，向人行礼时却没有敬意，面对丧事时内心毫不悲伤，面对这样的社会，我还有什么期待呢？”从这句话中，我们也可以想见，礼制在生活的方方面面都起着规范民众言行的作用。

礼，是礼仪制度，但更是一种日常行为。孔子说：“能以礼让为国乎？何有！不能以礼让为国，如礼何？”（《论语·里仁》）孔子说：“能够用礼让的原则来治理国家，那还有什么困难呢？不能用礼让的原则来治理国家，又怎么能实行礼制呢？”

或许你会困惑：礼让为国有什么困难呢？其实，要做到这一点是很困难的。因为，社会生产力的发展和社会分工造成了社会的动荡，礼让为国的信念开始动摇，人们不再礼让，而是人人心怀私欲。孔子认为，礼仪制度虽然保存下来，但是，礼让的精神却不复存在了。可见，君子之礼，不仅要求君子遵守礼仪制度，更要具备礼让的精神。

孔子说过：“君子博学于文，约之以礼，亦可以弗畔矣夫！”（《论语·雍也》）在孔子看来，一个真正的君子，就要广泛地学习古代的文化典籍，同时，还要用礼制来约束自己的言行，那么，就能让自己的行为合乎仁与礼的要求，不会做出离经叛道之事了。

如果人们不以礼来约束自己的言行，那么，人际关系以及社会现状，就会出现许多问题。“子曰：‘恭而无礼则劳，慎而无礼则葸，勇而无礼则乱，直而无礼则绞。君子笃于亲，则民兴于仁；

孔子少而知礼

故旧不遗，则民不偷。’”（《论语·泰伯第八》）

孔子说：“只是恭敬而不以礼来指导，就会徒劳无功；只是谨慎而不以礼来指导，就会畏缩拘谨；只是勇猛而不以礼来指导，人就会闯祸；只是率直而不以礼来指导，就会说话尖刻，伤害别人的感情。在上位的人如果厚待自己的亲属，那么，民众就会兴起仁的风气；君子如果不遗弃老朋友，民众也就不会对人冷漠无情了。”这就是礼制对人们的行为以及社会现状带来的影响，如此去看，礼制对调整人际关系、调整社会阶级关系起到的作用，真是非常重要了，而这些也正是礼制的价值和意义。

仁爱礼治，中华民族的精魂

中华民族的精魂，在于仁爱，在于礼乐。可以这样说，仁与礼的思想是儒家学说的核心内容，这两者以人伦道德实践作为基础。而儒家学说的代表人物孔子，则将仁与礼摆在同等重要的位置。在孔子的思想体系中，所谓的“礼”并不等同于传统社会所认同的“周礼”，而是一个以“仁”为核心、具有多层次含义的道德伦理范畴。

“仁”首先是指“爱人”，孔子说“仁者爱人”，他把仁看成是处理人与人之间关系的准则。仁，根源于家庭内部的血亲关系，因此格外强调血缘纽带。从个体的角度来讲，仁是一种个体人格所能达到的最高道德境界，是个体能够成就的最高人格修养。从社会角度来讲，仁象征着至善至美的“理想国”，这是人类最高的社会境界，所以，儒家学说里所认为的最佳政治手段，便称为“仁政”，而最理想的统治者则被称为“仁君”。

“礼”，首先是一种道德准则和行为规范，它是个体之所以能够立身安命的基石，孔子说过：“君子博学于文，约之以礼，亦可以弗畔矣夫。”（《论语·雍也第六》）这是说，君子不仅

孔子出行

要广泛地吸收文化知识，并且还要用礼来约束自己的言行，如此，也就不会离经叛道了。 在传统社会，建立起以血缘为根基、以等级为特征的统治体系，儒家强调礼治而不是法治，从这一点可见，仁与礼在某种程度上是互通的。

仁与礼之间的关系，一直是历代儒学思想家探讨的问题。

在孔子的思想体系中，“仁”是人伦道德、政治制度的最高理想,而“礼”则是“仁”的外在体现。孔子说：“克己复礼为仁。一日克己复礼，天下归仁焉。”（《论语·颜渊》）有一次，孔子的弟子颜回向孔子请教，如何才能达到仁的境界。孔子回答说：“努力约束自己，使自己的行为符合礼的要求。如果能够真正做到这一点，就可以达到理想的道德境界了。”在这里，孔子点明了仁与礼之间的关系，只有以仁作为精神内核，才能有符合礼制的兴起，不然，就谈不上真正有礼。

具体来说，我们既可以把“礼”视为帮助个体修正自我的一种外在道德规范，同时，还可以把它看成是协调人际关系、稳定社会秩序的礼仪形式，并且，还是使国家臻于至治的政治制度。

所以，孔子曾说：“治国而无礼，譬犹瞽之无相与，伥伥乎其何之？ 譬如终夜有求于幽室之中，非烛何见？”（《仲尼燕居》）

制礼作乐的周公

孔子“礼”的思想，以周代的礼法作为基础，并且根据时代发展的需要，又进行了一些调整和修改，其中最突出的一点就是，把“仁”与“礼”结合成为一个整体。孔子的这种“仁礼”思想被后世所继承和实践。

在儒家学说中认为，仁者爱人是君子的内在道德品性，而克己复礼则是外在的行为表现，主张在人人道德自觉的基础上，建立起一个礼乐文明的大同社会。仁，是一种道德规范，具有内在性，它受制于礼；礼，是维护社会秩序的一种制度，具有外在性。

虽然，在儒家学说里，仁和礼有着各自的价值和地位，看似仁与礼是两个截然不同的道德范畴，但实际上，仁是礼的根本，礼是仁的补充，仁与礼这两者之间的关系是相辅相成、互为体用的，绝不是互不关联的两个内容。

在儒家学者看来，“克己”的目的是“复礼”，所谓“克己”便是克制自己那过度的私人欲望，“复礼”则是要回归到周代的礼制。一个真正的君子，他的日常活动以及言行，必然是符合礼制规定的。可以这样说，礼制是无所不在的，大到庙堂之事，小至日常琐事，没有哪一项是可以不遵守礼制的，也没有哪一项不在礼制的规定范围之内。

孔子刚刚担任官职的时候，是在周公庙里担任助祭这一职位。每当他遇到一件事情，总要向主祭请教，即便是他明白的事情，也会征求主祭的意见，这是作为助祭者对主祭者的尊重，是一种礼的表现。而孔子之所以会有这样的举动，乃是因为他有一颗仁心，所谓仁心，便是对他人的尊重，更是人与人之间的友爱、善意。

从孔子的这件事例中我们不难看出，一个人的言行之所以能够合乎礼制，那是因为他有仁爱之心作为根本。如果一个人不具备为他人着想的品质，那么他就不会遵从礼制，而是由着自己的性子去做事；如果一个人缺少友爱互助的德行，那么他也不会遵守礼制，而是放纵自己的欲望，并且不惜以牺牲他人为代价。所

玉琮

以说，一个人只有具备了仁爱之心，才能约束自己的言行，才能时时刻刻都遵守礼制。不论是否有旁人在，他都会出于本心，而让自己的言行举止合乎礼的要求，绝不会故作君子，或者假装自己很遵守礼法。这就是所谓的“仁为礼本”。

那么，为什么说礼是仁的外在形式以及补充呢？孔子有句话，说得非常好：“非礼勿视，非礼勿听，非礼勿言，非礼勿动。”（《论语·颜渊》）在视、听、言、行这四个方面，孔子都提出了君子应该遵守的礼制。这几个方面虽然是礼制规范的表现，但是，如果一个人并不注重礼制的实质，那么也不能称得上是个君子。既能具备仁爱的品质，同时，在日常生活的各个方面又注重规范自己的言行，这才是真正的君子风范。

如果说，礼制是衡量人们言行举止的一把尺子，那么，仁爱便是人们能够遵守礼制的内在基础。仁，存在于人的内心之中，是一种自觉成德的志愿，而礼则是外部规范，是行为准则。在传统社会中，仁与礼共同约束着人们的言行，规范着社会的秩序。

礼乐在中国历史上的流变

礼乐文化，是华夏民族独有的文化传统，它孕育于远古时代，形成于“三代”时期（即夏、商、周三朝），在周朝定型并发展成熟。

从本源上来说，礼乐文化是中国古代天人合一、 天地差序格局的具体体现。根据《史记·五帝本纪》的记载，尧帝命令舜摄政，“修五礼”；舜则任命伯夷为秩宗，“典三礼”，还任命夔为典乐，“教稚子”，“诗言意，歌长言，声依永，律和声，八音能谐，毋相夺伦，神人以和”。在经过数千年的发展之后，礼乐文化已然成为中华民族安身立命之根本，更是历朝历代华夏子孙永恒的价值追求。

“礼”在最初的形成阶段，本是周这一氏族在氏族社会时期，形成的一整套氏族习俗。这套习俗涵盖了周族的制度、礼节、风俗习惯等方面，虽然不成文，但已经成为了一种约定俗成的习惯法规。到了西周，原先的周礼发展为维护宗法等级制的阶级统治工具，以维护奴隶制度作为其价值核心。

周人崇尚礼仪，而“礼”作为周代的基本精神，也便处于至高无上的神圣地位，是“天之经、地之义、民之行”。在周代，周礼是政治生活、社会生活以及精神生活的核心支柱。周礼的核心内容是社会等级制度，它规定了人们的社会等级地位，要求人们根据自己的社会等级地位，遵照相应的礼制来要求自己的言行。

从周初开始，礼乐便“施于金石，越于声音，用于宗庙社稷，事于山川鬼神”。礼乐文化的形成，以周公的“制礼作乐”作为标志。此一时期，还出现了大量与礼乐文化相关的典籍，比如《易》《诗》《书》《礼》《乐》等，这些典籍当中，记载了典章制度、仪表仪规与文化素养、思想风范等内容，而且，以此作为基础，礼乐文化又发展成为国家政治制度和社会政治伦理的标准。

到了春秋时期，周代的礼乐文化逐步遭到破坏，出现了礼崩乐坏的局面，也正因此，引发了春秋战国时期礼乐文化思潮的讨论。在春秋战国时期，老子和孔子便是推动礼乐文化思潮兴起的主要代表，在老子和孔子之后，又有庄子、孟子，还有墨子、荀子、韩非子等诸子百家，从各种不同角度探讨礼崩乐坏社会局面的深刻原因，并且，系统地阐述了礼乐文化的内涵以及它对于个人的重大意义，这便是历史上的“百家争鸣”。对于礼乐文化的发展流变起到突出作用的，非孔子莫属。但是，孔子思想体系中的“礼”，与传统的“周礼”是并不相同的。

孔子从具体的礼乐规范中对礼乐文化的内在精神实质，进行了探讨，并揭示蕴涵于礼乐之中的价值与意义。孔子认为，礼乐文化的主要价值，可以体现在社会、政治和人生等多个领域。孔子在对周代的礼制进行删改之后，形成了高于具体礼乐规范的“仁道”的思想体系，这种思想体系将“仁”作为礼乐的理论基础，使礼乐由政治上层的外在规定，演变成适用于全体民众包括为政

翡翠松下揖礼山子

者在内的行为规范。我们可以这样理解，孔子是采用了礼的形式，却变革了礼的内容，这便形成了孔子的礼制，而孔子作为儒家学说的创立者，也就因此而成为礼乐文化的集大成者。

孔子不仅在理论上系统地阐述礼乐文化，而且他还把自己阐述的礼乐文化进行了全民性的普及，他开创学习礼乐文化的私学学派。儒家的礼乐思想，在《礼记·乐记》及其他相关文献和典籍中，皆有所记载。

从秦朝开始，中国进入了大一统帝国时代，这一历史阶段持续了两千多年，在这两千多年中，礼乐文化始终是中国历朝历代

青玉趋庭问礼图山子

的社会主流思想。汉朝的统治者吸取秦朝灭亡的教训，认识到“仁政”与“礼制”对于稳固统治的辅助作用，因此，逐步实行礼乐的“王道”之术。

汉朝初年，统治者主要遵循老子的无为学说，到了汉武帝时期则实行“罢黜百家，独尊儒术”之策，将儒家的礼乐文化思想确立为治国理政的主要思想。此后，礼乐文化就在大一统的汉帝国时代，迎来了第一个发展高峰。

汉朝灭亡之后的三国两晋南北朝乃至隋唐之际，是礼乐文化发展的第二阶段。在南北朝北周时，中央开始设立礼部。作为中国古代的官署之一，礼部的作用和性质，相当于如今的教育部和外交部，之后历朝历代沿袭下来，都设有礼部。这意味着，礼乐文化的思想已经制度化、规范化，而朝廷设立礼部，则说明中央对礼制的重视程度。

随着时代的发展以及西方文明的进入，中国传统的礼乐文化开始受到挑战，但是，以礼乐文化为核心的中华文明依然展现出蓬勃生机，并且，中华民族的礼乐文化发展成为一种国家性的礼仪制度。

我国是文明古国、是礼仪之邦，从周代的礼制完备之后，中华民族就以注重礼节、礼待宾朋为民族特色，这不仅是礼仪制度中最为基础的层面，更是我们民族的优良传统。正是因为具备了严谨的礼仪规范，华夏民族才展现出东方大国的一派风采。礼仪制度发展到今天，已经成为广大人民群众行为的规范。

孔子在齐听韶

作为礼仪之邦，从古至今形成了无数礼仪形式依然在现代社会发挥着作用。所以，为了能够让我们的中华礼仪，继续传承下去、发扬下去，我们就要大力宣传基本道德知识、道德规范和必要的社会礼仪。只有不断引导民众增强礼仪、礼节、礼貌的意识，才能让民众的道德修养不断得到提高。从古代流传下来并不断变迁的礼仪内容，是中华优秀传统文化的重要组成部分，对于现代社会来说，要取其精华，去其糟粕，发展出符合现代社会需要的国家礼仪、社会礼仪和家庭礼仪。这种礼仪对于推动良好的国际关系、社会关系和家庭幸福，将起到不可估量的作用，而中华美玉，在各个层面的礼仪中都可以是最佳的载体。

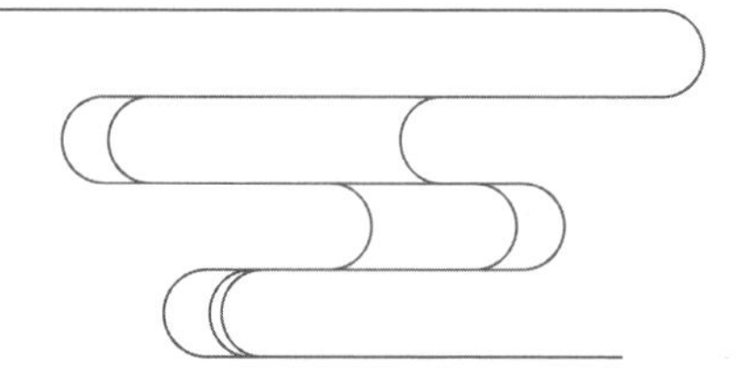

第六章

玉德之智

仁且智的理想人格

“

在儒家学说里，智作为人的基本道德之一，与仁、义、礼一样，是人之为人的基本依据。人只有具备了是非之心、具备智德，才能知道该做什么、不该做什么，如此，就可以施行仁义。

如何理解君子之智

在先秦儒家的道德规范体系中，“智”是最为基本的德目之一，它被列入“三达德”“四德”及“五常”之一。先秦儒家非常注重智德的重要意义，主张人们通过努力学习，积极追求智性、运用智性，呼吁创建尊重知识、尊重人才的社会风气。

孔子、孟子和荀子，都对智德都做出过丰富而精辟的论述。将这些圣哲先贤的智德学说归纳起来，可以归结为智的来源、智的含义以及智的作用等三个方面。

从智的来源这个问题进行讨论，可以看出，孔子、孟子和荀子的智德思想，可谓同中有异、异中有同。我们把这三位代表人物的智德思想进行归纳，可以总结出智的来源主要有先天和后天两种观点。

碧玉智者像

在孔子看来，虽然也存在“生而知之者”，即生来就明白事理、天赋异禀的人，但另一方面，他更看重的是“学而知之”者，认为“好学近乎智”，主张“博学而笃志，切问而近思，仁在其中矣”（《论语 · 子张第十九》），也就是说，只有通过努力学习，掌握广博的知识，并且能够坚守自己的志向，如此才能充满智慧，成为一个真正具备仁德的君子。

孟子从他的性善论出发，认为智来源于人们天然的善性。孟子说：“仁、义、礼、智，非由外铄我也，我固有之也。”（《仁义礼智，我固有之》）这就是说，智之所以产生，是由于人们对善恶有一定的认识，这是人心中先天本有的对是非善恶的认知能力。

儒家的另一位代表人物荀子则主张可知论，他在肯定人可以认识事物、认识世界的前提下，认为“智”是“非生而具者也”，认为智是通过后天学习才能得到的。智德来源于人们对事物、对世界的认识，因而任何人通过后天的学习，都可以拥有智慧。以上就是儒家学说的代表人物对智的来源，进行的两种区分。

关于智的含义，孔子、孟子和荀子这三位圣哲的思想也不尽相同，但总的来说，都侧重于强调一个人在人伦方面的智慧和能力。这种在人伦方面的智慧和能力，与我们现如今所说的人际关系协调，有一定的相似性。

在孔子看来，智德主要有如下两种含义：一种含义是“知人”，“樊迟问仁，子曰：爱人。问知。子曰：知人”。（《论语·颜渊第十二》）樊迟向孔子请教什么是“仁”，孔子说，仁就是友爱他人；樊迟又向孔子请教什么是“智”，孔子说，智就是要了解他人。

孔子的智德思想中，智的第二种含义是实事求是的态度：“知之为知之，不知为不知，是知也。”（《论语·为政》）知道就是知道，不知道就是不知道，能对自己的认知情况进行可观的评价，这就是智慧的表现。

翡翠隆中对山子

儒家学说的另一位代表人物孟子认为，主动改造自然的“凿”之智，是不符合常理的，因而他主张遵循自然和社会本来的秩序。

在孟子的学说中，智的含义有着严格的规定，“天下之言性也，则故而已矣。故者以利为本。所恶于智者，为其凿也。如智者若禹之行水也，则无恶于智矣。禹之行水也，行其所无事也。如智者亦行其所无事，则智亦大矣。天之高也，星辰之远也，苟求其故，千岁之日至，可坐而致也。”（《孟子·离娄下》）

普天之下所谈论的人之善良本性，是人们与生俱来、淳朴至真的德性。这种自然朴质的德性，应该因势利导，不要损害它原来的状态。我所反感的是，有些所谓的智者人为地穿凿附会，使人的德性偏离了无为自在的方向。如果，智者像大禹疏导水流那样，就不会使这本有的智慧受到损害。大禹疏通水流，使它们不违背自然属性，所以，没有人为的引导。如果，智者在不违反自然属性的前提下行事，那么，一切都能自然而然地进行，这就是一种大智慧的表现。皇天如此高远，星辰如此遥远，假如寻求到它们运行的规律，把握规律，那么，千年之后的夏至与冬至就都可以被人们推算出来了。

孟子还认为智就是“是非之心”，人们能够辨明是非曲直，这就是一种智慧。孟子还说：“仁之实，事亲是也；义之实，从兄是也；智之实，知斯二者弗去是也。”（《孟子·离娄上》）

碧玉贴金彩绘山水人物插屏一对

即是说，仁发端于侍奉父母，义发端于敬顺兄长，而明白仁、义的道理并且能够坚持下去，这就是智。

主张“性恶论”的荀子则把“仁厚”与“智能”相提并论。一方面，荀子认为，“凡以知，人之性也；可以知，物之理也”（《荀子·解蔽篇》）。能够认识事物，这是人的本性；能够被人所认识，这是事物的自然之理。人能够认识万物的本性，去探求可知的事物的道理，如果没有一定的目标，那就会终身辛苦，甚至到死也不能穷尽事物的真相。可见，荀子认为，智德是认识万物道理的一种能力，这种观点倾向于把智德与知识才能联系在一起。

另一方面，荀子认为“所以知之在人者谓之知，知有所合谓之智”。（《荀子·正名》）这就是说，在人身上所具有的能够认识事物的能力，就叫作知觉；而知觉与所认识的事物相互符合，这就叫作智慧。可见，荀子所谓的智德，指的是人们对事物的认识，需要经过实践的检验。

在儒家学说里，智作为人的基本道德之一，与仁、义、礼一样，是人之为人的基本依据。人只有具备了是非之心、具备智德，才能知道该做什么、不该做什么，如此，就可以施行仁义。而只有博学多识、目光远大的智者，也才能认识到仁爱，从而自觉地实行仁爱，最终达到圣人境界。

仁义与智慧并重，方为君子

作为一种基本的德目，智在中国古代社会占有重要的地位。自从西汉的儒家学者贾谊、董仲舒正式提出“仁、义、礼、智、信”这“五常之道”，将这五种基本道德原则视为君子的“常行之德”后，“五常”便成为中华民族最重要的道德规范。

从智德与仁德的地位上看，先秦儒家认为智从属于仁，仁德处于首要的地位，而智则是一种成就德行的手段，而后世的儒家学者则认为，只有仁义与智慧并重，才堪称君子。

在先秦儒家的观念里，智主要是一种在社会实践中形成的、处理人际关系的智慧，或者是在识别人才方面的智慧。就这一点来说，智是成就德行的手段，因为具备了智德，人才能辨别是非善恶，才能生发仁心，改正偏邪。后来的儒家学者把智提升至维

翡翠笑傲山林山子

护封建人伦秩序的一项道德规范，智不再仅仅是一种成就德行的手段，更成为了一种道德要求。此时，仁与智处在同等重要的位置。通过智，人们发扬仁德；通过仁德，人们让自己的智慧变得更加深刻。

在儒家学者看来，只要具备了智，人们就能自觉实行仁德，使自己的行为符合相应的道德要求。在先秦儒家的道德规范体系中，仁是核心，智从属于仁德的；在社会实践中，智是一种实现仁德的重要方式；在个人生活领域来讲，智是提升个人道德修养的重要途径。

比如，孔子始终认为仁既是社会的最高道德规范，也是个人的最高道德理想。当然，孔子也是重视智德的，但是，从仁和智的地位上看，孔子始终给予仁以核心地位，他认为智始终从属于仁。到了孟子那里，智就与仁、义、礼同成为“四德”，智从属

孔子论道

于仁、义、礼。孟子认为，智是对仁、义、礼的认识，是实现仁、义、礼的途径。而对于荀子来说，他最重视礼，并力图把道德、法律、政治与礼融合为一体，他把智视为实现礼的一种手段。很明显，在荀子的思想中，智依然是从属于仁的，是人们成就仁德的重要途径。

但是，这并不代表先秦儒家重视仁而轻视智，其实，先秦儒家主张仁智合一，提倡建立起“仁且智”的道德理想人格。在对“智”与“德”关系的认识上，先秦儒家倡导以“德”为本，把“仁智合一”作为培养道德理想人格的模式。

在儒家的道德观念中认为，仁德与智德皆是人的专属，能够与仁德相平行对举的，只有智德。智德既蕴含着理性，也蕴含着德性。所谓理性，指的就是积学而不惑的认知状态。虽然，孔子也说过人具备“生而知之”的上智，但是，如果人们的智德没有与仁德结合起来，智德就无法继续增长，因而也就没有实际的意义。同样的道理，如果一个人只是具备仁爱之心，却缺少明辨是非的智慧，不能对客观事物进行翔实的考察，那么，这种缺少智德的仁，也就无法进一步提升。可见，在儒家学说里，只有将智德与仁德结合起来，才会具有实践意义。

在孔子看来，仁与智还有着更加密切的内在联系。孔子认为，

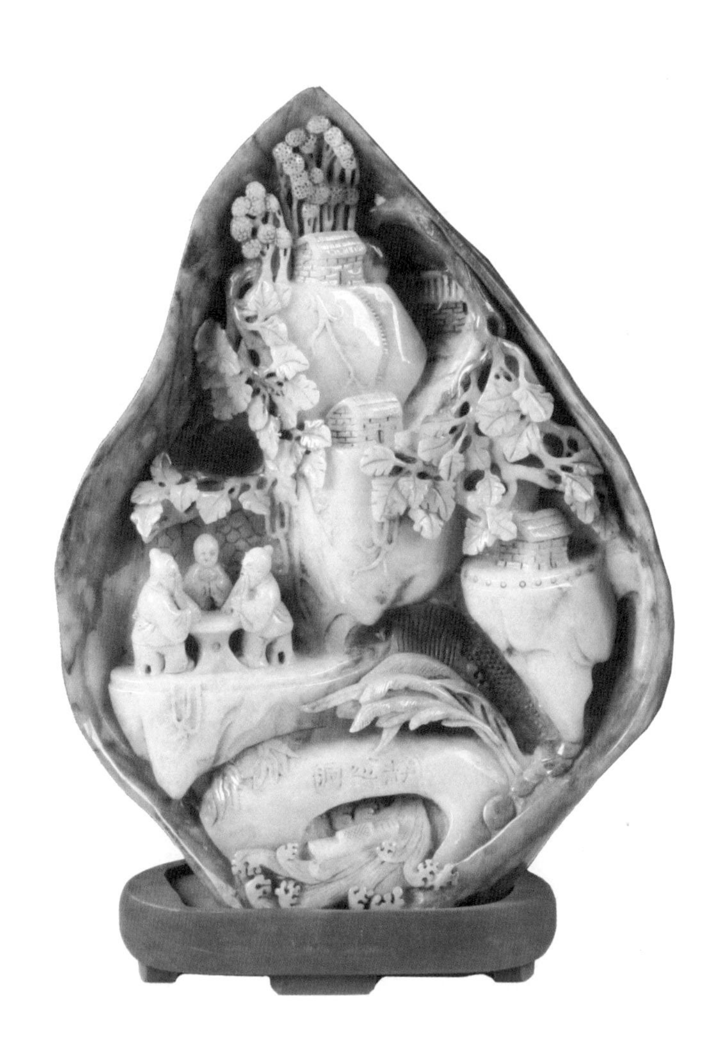

翡翠仁山智水山子

积学才能成智，一个人只有通过不断的学习，才能积累知识，增长智慧，才能了解到圣贤的学问，在平时能够用理智来克服自己的情绪冲动，从而做到仁义宽恕。

明辨是非、择善而从，这是智德所特有的功能和目标。孟子说过：“是非之心，智之端也。”（《孟子·公孙丑上》）正是因为智德的存在，才点亮了内心的仁德。智德的存在，为人们择善弃恶提供了保障，只有具备了这种理性的认知，人们才能在道德境界上有所提升。

孔子说：“可与言而不与之言，失人；不可与言而与之言，失言。知者不失人，亦不失言。”（《论语·卫灵公》）可以同那个人说的话，却没有与那个人说，这样就会失去可以结交的人；不可以和那个人说的话，却对他说了，这就是说了不妥当的话。而一个智慧的人，就不会失去可以结交的朋友，也不会说出不妥当的话。

在孔子的这句话里，“失人”也可以理解成失去做人的基本德性，而“失言”则可以理解为缺乏做人应有的理性认知。可见，一个真正智慧的人是兼具德性与理性的，而德性与理性也在智德之中得到了统一。

儒家的道德学说是“智”中有“仁”，《论语·里仁》里说：“里仁为美，择不处仁，焉得知？”邻里之间蕴含的高尚美德，能让人的品德也高尚起来，从而过一种美好的生活。一个人在选择住处的时候，如果不选择具有高尚品德的地方，这样的人就不能说是具有智慧的。《孟子·离娄上》中也说：“仁之实，事亲是也；义之实，从兄是也；智之实，知是二者弗去是也。”仁的实质是侍奉父母；义的实质是顺从兄长；智的实质是，明白这两方面的道理，能够不背离。

在孔孟的思想中都包含了“尚智”的精神，他们提倡教与学的目的，正是为了让人获取科学知识，开启民智，让人们达到智慧的程度。并且，孔孟还指出，“愚昧”是可以通过教化和学习而得以改变的，人们改变了愚昧的状态，变得明白事理，自然就会向贤德之人靠近，从而提升自己的仁德境界。

“仁且智”的理想人格如何炼成

在儒家的道德伦理观中，坚持天人合一、天道合于人道的天人观，这种观念反映在智德观上，就是仁与智的合一，而儒家也将建立“仁且智”的理想人格，视为君子的修炼目标。

在中国古代，人与自然之间的关系是以天人关系来表现的。儒家的天人观继承了西周至春秋时期的天人观，在经过发展之后，形成了天人合一、天道合于德性人道的观念，即天具备伦理道德的意志，天道的意志与人间的道德伦理是息息相关的。

这种天人观反映在智德观上，就是仁智合一，建立“仁且智”的理想人格，既要具备仁厚、仁爱的品性，同时还要具备智慧与理性。比如，孔子认为“知者不惑，仁者不忧，勇者不惧”。（《论语·子罕第九》）有智慧的人不会迷惑，心怀仁德的人不会忧愁，

翡翠松下问道山子

勇敢无畏的人不会恐惧。这就是“仁且智”的理想人格。

儒家的理想人格，从孔子发端并进行初步构建，而孔子的这种理想人格，也是对前人的理论成果进行总结和发展之后，才建立起来的。孔子的理想人格，是一种仁学体系，在经过后世儒家学者的修改、补充和完善后，儒家的理想人格才逐渐完备起来，并成为人们追求的人生目标。

在儒家学说的诸多德行中，“仁”是最为核心的一项，能够与“仁”对等的一项德目，则是“智”。在《论语》中，随处皆可见到孔子把“仁”与“智”这二者并举。可以这样说，儒家的理想人格，就是仁智统一，即“仁且智”。

孔子为人谦虚，从不自称圣人，但是，他的学生认为他具备了“仁且智”的品格，便尊称他为圣人。仁且智，包含这样两个方面：一方面，学而不厌，教而不倦，这里涉及的智就是知识与道德，所以，“仁且智”表明一个人既要有道德又要有知识；另一方面，学不厌涉及自己，教不倦涉及他人，自己与他人保持着和谐的人际关系，共同进步，这表现为自强不息与厚德载物，实现立人与达人的统一。

作为一种完善的理想人格，除了要具备“仁”这种道德品质，

归乡山子及细节

还要具备其他的优良品德，比如，智慧、勇气、正义感等等，而在这诸多的优良品德之中，又以“智”最为重要。

在儒家的道德学说中，“智”也写作“知”，即“知人”，主要指的是认识人与人之间的关系，然后还要协调这种人伦关系，以达到“知礼”。

儒家的道德伦理学说中所谓的“智”，包含了知识和理性，它既是一种道德认识，更是一种道德理想。孟子把“智”定义为“是非之心”，即人们判断是非善恶的能力和观念，它是处理人际关系的理性原则。如果，人们具备明辨是非善恶的能力，就有利于实行仁道，坚守仁爱之心。在孔子看来，人之所以能够成就君子的道德品格，乃是认识的成果。作为君子，必须具备过人的智慧，能够辨别是非善恶，能够择善弃恶。当一个人具备了道德理性，才让实现自我的理想人格成为可能。

那么，怎样培养一个人的仁智统一的理想人格呢?

通过儒家的思想观念，我们可以了解到，首先，一个人只有具有了“智”的认识能力，才能分辨出何为善行、何为恶行，从而择善而行。要培养仁且智的理想人格，孔子认为，修炼的重点就在于个人的主观努力。他非常强调立志的作用，“苟志于仁矣，无恶也。”（《论语·里仁》）如果一个人立定志向实行仁德，这样做总是没有坏处的。

同时，先秦的儒学思想家还格外强调后天的教化与学习，对提升智慧的作用。学习，是一个人道德修养的起点，只有具备了对仁行的认知，才能行仁义之事。关于如何成仁，孔子提出了“忠恕”的思想，作为实现“仁”的途径。作为一种内在的道德情感，仁的情感外化便是友爱他人，而“忠”则从积极的方面对仁爱思想进行了阐释，“己欲立而立人，己欲达而达人”。（《论语·雍也》）一个仁者，就是自己的脚跟先站稳，才能够扶起摔倒的人；自己要先过好生活，具备帮助他人的能力，才能去救助那些需要帮助的民众。

“恕”则是“己所不欲，勿施于人”（《论语·卫灵公》），这是从消极的方面来说。强调真正的君子，如果自己不希望被人如此对待，那么推己及人，自己也不要那般地对待别人，只有设身处地为他人着想，确定应如何对待别人，以及不应该如何对待别人，这也说明，一个人的言行举动，应该以他人和群体作为出发点。在孔子看来，能做到这两点就离仁不远了。

孔子认为每个人都具备判断是非善恶的能力，主张人和人之间要相互尊重，建立诚信友爱的关系。这就是孔子给出的修炼成

"仁且智"的理想人格的方法。

智德的境界在于灵活处世。孔子说:"宁武子,邦有道,则智;邦无道,则愚。其智可及也;其愚不可及也。"(《论语·公冶长》)宁武子是一个真正的智者,国家有道时,他尽量发挥自己的聪明才智,辅佐君主,治理国家,这是其他人也能做到的;但是,在国家无道时,他就大智若愚、韬光养晦,这却是别人难以做到的。这就是一种灵活处世的态度,是一种真正的智慧,也是真正的仁德。

儒家学者认为,一个人要具备崇高的志向,同时,在接受教育的时候,能够坚定不移的努力,就可以成为一个同时具备仁德

碧玉童子钓鲤摆件

和智德的人。要培养这样的理想人格，并非一朝一夕就可以完成，这是一个循环渐进的过程，不仅需要经过长期的学习和磨炼，更需要强大的精神力量作为支撑。当一个人的思想境界，随着年龄的不断增长而逐步提高，他的智慧就在增长，他的道德修养就在逐步完善。

仁与智是人之所以为人的必要构成，也是道德修养实践的两种至关重要的品质。在儒家道德学说中，有一个“由智而仁”的顺序，这便是说明，一个人具备了对于道德和品行的认知，以及学习知识的能力，并且储备了丰富的学识，那么，他就可以进一步提升自己的道德品质，成为一个真正的仁者。

翡翠归园田居山子

理想人格的最终完成，离不开具体的人生实践，而知行合一则是理想人格得以形成的重要机制，这也是儒家道德伦理学说的重要特色。美玉需要有先天之质，更需要有后天之工的雕刻与琢磨才能成为一件精美的玉器，而君子就是在不断的学习过程中不断累积智慧而成就的。

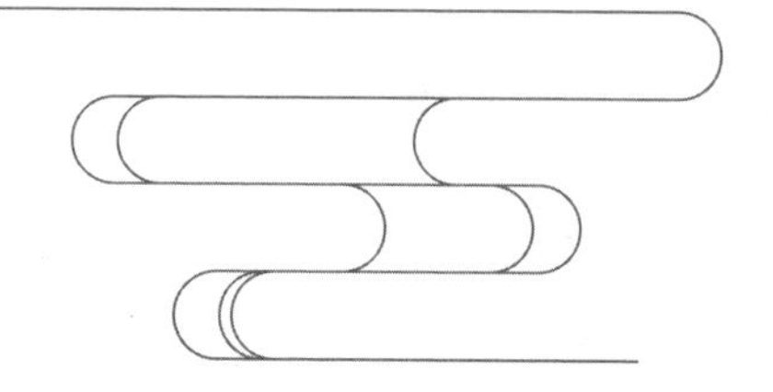

第七章

玉德之信

君子一诺千金

“

古人认为，一个人能否立信，关系到他在社会上立足，而一国国君能否取信于民，则关系到国家政权稳定，乃至国家的兴盛。

君子之信，立人之本

诚信，是中华传统美德的重要德目之一。早在原始氏族社会，我们的祖先就已经深刻认识到诚信的重要意义。历代先贤对诚信也进行了多个层面的阐述，尤其是儒家的伦理道德学说中，诚信不仅是一个人的品质和修养的表现，更是立人的根本。

“信，国之宝也，民之所凭也”（《左传 · 禧公二十五年》），“德礼诚信，国之大纲”（《贞观政要 · 诚信》），“君子不保，惟在于诚信”（《旧唐书 · 魏征传》）。

从先秦开始，“诚信”就作为一种道德品质而得到社会各个阶层的重视。在诸子百家看来，“诚者，天之道也；诚之者，人之道也”（《孟子 · 离娄上》）。唐代的贤臣魏征则在《贞观政要 · 诚信》中写道：“德礼诚信，国之大纲。”

青玉一言九鼎

中国古语有云："言必信，行必果。"否则，"人而无信，不知其可也"。衡量一个人道德品质的高下，往往先从诚信入手，如果一个人遵守诺言、待人真诚，那么他就是个真正的君子，而如果一个人经常失信于人，说话不算话，那么，他在社会中也就没有立足之地了。

在中华民族漫长的文明历程中，诚信成为人们立身处世的支撑点，也成为中华民族应该遵守的道德准则，而且内化为中华民族的深层道德意识，成为华夏民族立身兴国的根本。

在儒家的道德伦理学说中，诚信不仅是人际交往的道德要求，而且被看作是立物、立事、立人、立身之本，它既是一种道德精神，也是个体的道德品格。

春秋末期诸侯蜂起，巧诈风行，人们不再遵守礼制，更不讲诚信，所以出现了所谓的“春秋无义战”的局面。道家的创始人老子率先倡言“信德”，他指出：“信言不美，美言不信。”“信不足焉，有不信焉”。老子指出，诚信是一种朴实无华的美德，而不是华美的词语；目前的社会之所以缺乏诚信，就因为当时的统治者不讲诚信。所以，老子提出“居善地，心善渊，与善仁，言善信，正善治，事善能，动善时”（《老子·第八章》）的主张。

到了儒家创始人孔子那里，诚信更是作为儒家学说的重要内容而存在，在孔子之后的儒家思想中，诚信逐步发展为君子“五德”之一。

孔子说：“自古皆有死，民无信不立。”（《论语·颜渊》）自古以来，人只要出生就必然会死亡，如果没有民众的信任，那么国家就保不住了。孔子还说：“人而无信，不知其可也。”（《论语·为政》）一个人如果不守信用，那就不知道他还有哪些方面

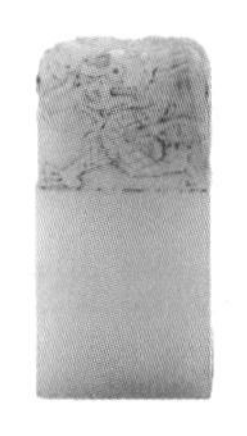 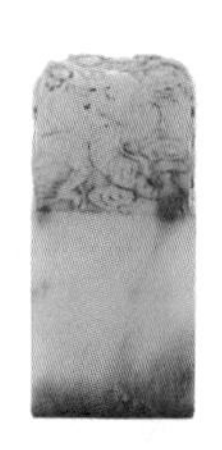  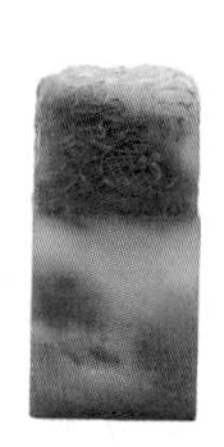  

白玉六方印章

是值得肯定的了！孔子指出，诚信不仅是人立身处世的根本原则，而且还是治国的基本出发点。“言而有信”是“成事”的前提。如果一个人失去了诚信，他不会有朋友，更不能成就事业；如果一国国君失去了诚信，他的百姓就难以爱戴他，他的臣子也会离开。

孔子同时期的其他思想家也围绕着“诚信”提出了自己的见解。比如，墨子说：“志不强者智不达，言不信者行不果。”（《墨子·七患》）为了达到天下之治，每一个社会成员都应当用诚信来约束自己，诚信待人这种品质，与人的地位、贫富、贵贱是没有关系的；庄子说：“不精不诚，不能动人。”（《庄子·渔父》）只有真情实感的表现才能打动人心，这也是在说诚信具有动人的力量；韩非子说：“巧诈不如拙诚。”（《韩非子·说林》）表明巧妙的奸诈不如拙朴的诚实；管子说：“诚信者，天下之结也。”（《管子》）诚信是天下行为准则的关键。

以孟子为代表的第二代儒学思想家，更是把“诚”当作天道，把“思诚”当作人道，认为能够做到真诚、诚信的人，才能活得轻松坦然，这才是人生之大乐。在荀子的道德伦理学说里，更进一步提出了“诚信生神”“诚信如神”的理论。

自秦至西汉，随着独尊儒术思想路线的确立，“信”作为一项伦理道德，被统治阶级钦定为“五常”之一。在历代儒家学者的推动下，“信”作为一种道德品质，被认为是保证“仁、义、礼、智”得以推动的基础和前提。诚信之德，不仅内含着一种社会各时代、各群体所共同需要和认可的价值，并且还具有一种顽强的生命活力。直到现代社会，“诚信”依然是衡量一个人道德品质的标准之一。

三国时期蜀汉著名的政治家、军事家诸葛亮，谈到如何才能知人善任时，总结出了七条标准，其中“诚信”就是人的道德标准之一，“期之以事而观其信”（《诸葛亮集·将苑·知人性》）。

到了隋唐时期，虽然在诚信观念上的理论性、系统性不如先秦诸子百家和后来的宋明理学家，但在以信来安邦治国方面，唐代的统治者在我国道德史上最为典型。

宋明时期，“理学”的兴起使得“诚信”观念再次得到了重视。理学奠基者周敦颐，以“诚”作为伦理思想的主要范畴，认为“诚”乃“五常之本，百行之源”（《通书·诚下》）。

张载则偏重于“信”，他说：“诚善于心之谓信，充内形外之谓美，塞乎天地之谓大。”（《正蒙·中正》）程颢、程颐兄弟对“信”也持赞美的态度：“圣人言忠者多矣，人道只在忠信。不诚则无物……若无忠信，岂复有物乎？”理学的集大成者朱熹

周敦颐

指出："信者，言之实也。"所谓诚信，就是要说到做到，要说老实话，而不要花言巧语。

诚信，便是要为人诚实、守信、不欺别人诚信，便是人们正心、修身、齐家、治国、平天下的先决条件。如果缺少了诚信，不论是普通民众，还是一国当权者，都不能称为"君子"。

古之君子，因信称义

“信”是一种道德修养，更是君子立足于社会的根本。从字的结构上来看，“信”这个字从人从言，可见，所谓“信”就是要求人们说出来的话真实不欺，要言而有信，也就是常言说的“一言既出，驷马难追”。

在中国古籍中，对“信”也有所解释。比如，《说文·言部》说：“信，诚也”。再比如，《字汇·人部》中说：“信，慤实也。”孔颖达在解释《礼记·礼运》中的“讲信修睦”这一句时写道：“信，不欺也。”所以，“信”有诚实守信的意思。古时候，君子因信称义，君王因信立业，这方面流传下来的典故，也是非常多的。

古人认为，一个人能否立信，关系到他在社会上立足，而一国国君能否取信于民，则关系到国家政权稳定，乃至国家的兴盛。

黄玉神犬

所以，晋文公说：“信，国之宝也，民之所庇也。”这句话说的就是，信德对国家稳定和庇护民众的宝贵作用。晋文公的大臣范文子说：“君命无贰，失信不立。”如果统治者失去信用，就难以在民众面前立足，国家政权就难以稳定。

荀子用正反两方面的史实，阐明了国君是否守信与国家政权是否能够长久之间的关系。他说：“古者禹汤本义务信而天下大治，桀纣弃义背信而天下大乱。故为人上者，必将慎礼义、务忠信然后可，此君人者之大本也。”（《荀子 · 强国》）

古代圣贤的君王大禹、商汤，因为信守诺言而天下大治；暴君夏桀、商纣，弃义背信导致天下大乱。所以，作为国君一定要讲礼义、讲忠信，然后才能治理好国家。守信，便是君子最为根本的德行，而诚信则是国君治理国家最为根本的操守。

孔子曰："上好信，则民莫敢不用情。夫如是，则四方之民襁父负其子而至矣。"（《论语·子路》）身在上位的君子，如果能遵守礼制和诚信，那么民众没有谁不敢不用真情来对他。如果，一个在上位的君子，能够做到坚守道义，那么民众就不敢不服从。君子能够信守诺言，那么，民众就会扶老携幼，来到他治理的地方。可见，管理一个地方、一个国家，最为行之有效的方

青白玉四叶足海棠式瓶

法就是坚守诚信。

唐朝吴兢说："君子所保，惟在于诚信。诚信立则下无二心。"（《贞观政要·诚信》）作为一国国君，要保全的唯有诚信。如果诚信得以确立起来，那么，天下之人就不会对君王怀有二心。不然，不论是对国家，还是对国君，都会后患无穷。

中国东汉末期政论家、史学家荀悦说过："若乃肆情于身，而绳欲于众；行诈于官，而矜实于民。求己之所有余，夺下之所不足，舍己之所易，责人之所难，怨之本也。"（《申鉴·政体》）荀悦的这一观点继承了儒家"其身正，不令而行；其身不正，虽令不从"的思想。真正的君子，必然首先用道德伦理来约束自己，以身作则，那么，他不必发号施令，也不必用强硬的手段治理国家，臣子和民众都会听从于他。

西晋初年的文学家、思想家傅玄也说："夫以上接下，而以不信随之，是以日夜见灾也。周幽以诡锋灭国，齐襄以瓜时致杀，非其显乎！故祸莫大于无信。"傅玄用周幽王、齐襄公因为失去信用而导致国破人亡的史实，指出统治者不能以身作则讲诚信的危害。

在历代的思想家看来，如果一个国家的当权者能够树立诚信，取信于民，那么国家政权就会稳定，国家就会强盛，否则，国家就有衰亡以致灭亡的厄运。

对于国家来说，诚信是立国之本，其实，对于个人来讲，诚信更是成就事业的根基。宋代的儒学思想家程颢、程颐认为："学者不可以不诚，不诚无以为善，不诚无以为君子。修学不以诚则学杂，为事不以诚则事败。"（《河南程氏遗书》卷二十五）"诚"不仅是仁、义、礼、智等诸多德行的基础和根本，也是一切事业得以成功的保证。学者要进行学术研究，就要保持着诚信的态度，不然，就不足以成为君子。研究学问却不怀有诚信的态度，那么，就难以在治学的道路上有所收获。

程颢、程颐还说过："诚无不动者，修身则身正，治事则事理，临人则人化，无往而不得。"（《二程粹言·论道篇》）在这普天之下，没有什么是诚信的力量不能打动的，诚信用在修养品德方面，则可以使人的道德愈发高尚；诚信的态度，用在办事上，则可以让事情圆满顺利；诚信用在待人上，就可以感化人心，教化民众。从二程的这些话里，我们可以见出，只有出于真诚的态度，才能激起我们巨大的兴趣和激情，将自身的潜能充分发挥出来，才能产生不达目的决不罢休的动力。

正如曾国藩所说的"有至诚之心，则天下无不可为之事矣"，

北宋理学家、教育家程颐

北宋理学家、教育家程颢

墨白玉二老赏月山子

只有讲求诚信才能使自己的事业得以成功，有一颗至诚之心，那么，天下就没有事情是做不到的了。

在传统社会，诚信是社会交往的基本准则。“与朋友交，言而有信”，被看作是大丈夫的做法，而如果有谁违背了信义，便会成为人们唾弃的对象。

春秋末年的思想家、孔子晚年的著名弟子曾子也把“与朋友交而不信乎”作为每日三省之一。他强调在交朋友时，务必要突出一个“信”字，待人诚信，这确实是交友的关键之所在。不论在哪个时代，朋友的关系是建立在平等关系基础上的，既不存在等级尊卑的从属关系，也没有强制的权利与义务的限制，只有共同的理想、志趣、爱好，才相互接近，最终成为朋友。朋友之间维系感情纽带只能是诚信，以“诚信”交友推而广之，人与人之间也应以诚信为本。

“与国人交，止于信”“以信接人，天下信之；不以信接人，妻子疑之”“君臣有义矣，不诚则不能相临；父子有礼矣，不诚则疏；夫妇有恩矣，不诚则离”。通过以上这些典故我们可知，“诚信”是人与人相处的基本原则。

坚守信义，方称君子

信为天地人之根，天有信而四季变化，地有信而万物生长，人有信而称之为义。在中国古代，崇尚天地人合一的哲学理念，而“信”则是天地人共同遵守的规则。

《礼记·大学》云：“物格而后知至，知至而后意诚，意诚而后心正，心正而后身修，身修而后家齐，家齐而后国治，国治而后天下平。”通过对万事万物的认识和研究，之后才能获得知识；获得知识之后，人的意念才能真诚；意念真诚之后，心思才能端正；心思端正之后，人们才能修养德性；德性修养之后，才能管理好家庭；管理好家庭之后，才能治理好国家；治理好国家之后，天下才能太平。

由此可见，“诚信”在一个人的道德品质修养层面，以及社会管理层面，都起到了相当重要的作用。

孔子在教导弟子们做人处世的原则时，把“言忠信”放在首位，他把“言必信，行必果”看作是成为一个“君子”的最起码的要求。

西汉时期的淮南王刘安说：“马先驯而后求良，人先信而后求能。”（《淮南子》）一个人的能力能够得到多大程度的发挥，很重要的一点就是，他能否被社会所接纳，而一个人要想被社会接纳，就必须首先取信于社会。

所以，宋代的大儒朱熹说：“惟立诚才有可居之处，有可居

青玉雄鸡报晓摆件

之处则可以修业。”唯有树立起诚信，人才能为自己谋得立足之地，有了立足之地，才能谈得上修养品德以及发展事业。

诚信是一个人在社会发展中的“通行证”，缺少诚信的人不仅无法建立起和谐的人际关系，更谈不上结交优秀的朋友。

在《论语·子路》里有这样一句话：“言忠信，行笃敏，虽蛮夷之邦，行矣。言不忠信，行不笃敬州里，行乎哉？”孔子的弟子子张向孔子求教，如何才能使自己到处都能行得通？孔子道：“和人说话时要诚实，做事时要忠厚严肃，能做到这些，即便到了别的地方，你也是行得通的。如果，一个人说话不诚实，对人

子张

不真诚，行为轻浮，待人刻薄，那么即便在自己的老家，那也是行不通的。”所以，中华民族特别强调为人处世要诚信、忠厚。

儒家不但重视“诚信”，还将“信”作为教学的核心内容之一，与“文、行、忠”一同教授。

《论语·述而》说：“子以四教：文、行、忠、信。”孔子学说的核心概念是仁、礼、中、和，它包含仁、义、礼、智、恭、宽、信、敏、惠、勇、毅、廉、耻等道德行为规范。孟子则把孔子提出来的若干德行归纳为“仁、义、礼、智”四德，到了西汉大儒董仲舒的道德学说里，他把“信”加到孟子的四德中，就成了仁、义、礼、智、信五德，从此“三纲五常”成为儒家思想的核心。

从自我修养的角度看“信”，诚信代表我们作为人，要忠于自己说出的话，许下的诺言，要让自己的言行与我们所承担的社会责任和道德义务相符合。

比如，历史上有一则故事，就很好地说明了诚信二字的分量。

曾子的妻子上街买菜，小儿子跟在后面哭着也要去。曾子的妻子就对小儿子说：“你回去吧，我从街上买菜回来，便杀猪给你吃。”在古代，人们的生活条件有限，一般人家只有过节才能吃上猪肉。小儿子听了母亲的许诺，非常开心，就留在家自己玩耍。可是，曾子的妻子回家以后，便不认账了。曾子知道了这件事，就把猪抓来，准备杀掉。这时候，妻子便劝阻说：“我只是哄小孩才说要杀猪的，不过是玩笑罢了。”而曾子却说：“哪怕是小孩子，也不可以哄他的，人不能言而无信。”

在曾子看来，小孩子不懂事理，道德修养都是从父母那里学来的，需要父母给予教导。你答应了他就要做到，不然，小孩子以后就不会信守诺言，一个人没有诚信，那么也就不能树立起其他的道德品质。

曾子

古人提倡“多做少说”，就是强调言传身教的重要性。在中华文化里有个成语叫“食言而肥”，说的是春秋鲁国有一位大臣叫孟叔伯，经常言而无信，但他身在朝堂，没有人能奈何得了他。有一次，鲁哀公举办宴会，孟叔伯想让大臣郑重出丑，就说：“郑先生怎么越来越肥呢？”没想到郑重回答：“食言而肥。”郑重的意思是说，我老不遵守“信”，总是食言，所以就越来越胖了。很明显，郑重是在讽刺孟叔伯言而无信。

诚信不仅反映出一个人的道德素养，更具有重要的社会功能。在中国历史上最有名的立信的故事莫过于商鞅为变法而“立木取信”了。

春秋战国时期，秦国的商鞅在秦孝公的支持下主持变法。但在变法初期，很多人都采取消极的观望态度，为了树立威信，推进改革，商鞅下令在都城南门外，立起一根三丈长的木杆，并当众许下诺言：谁能把这根木头扛到北门，就赏金十两。

对于商鞅许下的诺言，围观的人们并不相信。于是，商鞅又把赏金提高到五十两。这时候，人群中站出一个壮汉，他成功地将木头扛到了北门，商鞅立即赏了他五十金。商鞅这一举动，在百姓心中树立起了极强的威信，而商鞅接下来的变法，很快就在秦国推广开来。商鞅变法使秦国走上了强盛之路，并最终促使秦

商鞅立木取信

国后期统一了中国。

作为个人，无诚信则不立，甚至都不能教育好自己的子女；作为士大夫；无诚信便不能有做事的威仪，更不能教化民众；而作为一个国家，无诚信就不能繁荣富强甚至无法立足于天下。“诚实守信”不但对于整个中华民族，对于整个人类社会的和谐发展也是至关重要的精神玉宝。

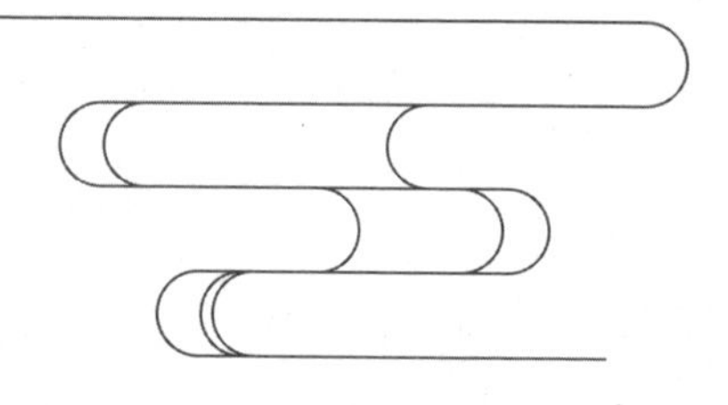

玉德之勇

君子勇者无惧

“

孔子说：“知、仁、勇三者天下之达德也。”在孔子看来，智慧、仁德和勇猛，是通达天下的德行。而孔子的这种说法，就成为儒家对理想人格进行的总结，即“知仁勇”。

”

君子之勇，勇者无惧

“勇”是孔子思想体系的重要观念之一，是寄托着孔子人格理想的重要内容。在《论语》中，“勇”字出现达15次之多，并且与“仁”“礼”等其他伦理道德，同属于君子修身养性的范畴。孔子说：“知、仁、勇三者天下之达德也。所以行之者大。”(《礼记·中庸》）智慧、仁爱、勇武，这三种品质，是任何时代都通行不变的。

孔子之所以把“勇”提到如此重要的地位，正是适应当时社会需求的结果。孔子生活在春秋末年，那时候，周王室已经大权旁落，作为“天下共主”的周天子已经名存实亡，毫无实权。各诸侯国出于政治和经济扩张的需要，长期互相纷争，战乱频起，整个社会处于混乱动荡之中。

在这样的社会环境中，各诸侯国之间的兼并战争，本质上就

翡翠三英战吕布山子

是一种武力竞赛，所谓的“礼义”原则完全被打破，礼乐制度已土崩瓦解。所以说，“春秋无义战”。

这样的社会现实，使各诸侯国的“用人标准”发生了很大变化，具备“勇”的品质，便成为时代所需。比如说，《国语·晋语》记载，晋悼公任命张老为卿相，张老委婉地拒绝了，并推荐魏绛代替自己，他说道：“臣不如魏绛。夫绛之知能治大官，其仁可以利公室不忘，其勇不疚于刑，其学不废其先人之职。”张老的推荐理由是魏绛具有“智、仁、勇、学”四种品质，所以如果他“若在卿位，外内必平”。由此可见，在春秋战国时期，一个合格的君子，不仅要具备仁德与智慧，更要具备“勇”这种素养。

社会的需求、人才观念的变化，自然也会影响到孔子的思想观念，所以，他提出的“勇”的人格观念，也正是时代环境的产物。孔子在《论语·为政》中说：“见义不为，无勇也。”意思是说，见到应该伸张正义的事却不敢挺身而出，就是缺少勇气的表现，反之，如果见到正义之事敢于伸张，那么就是具有勇气的表现。我们常说的一个成语“见义勇为”，溯其源流，便应该出自孔子的这句话。

在孔子看来，“勇”是一种道德素质，是一种为坚持正义而赴汤蹈火在所不辞的君子之义。然而，何者为“义”，何者为“不义”，在不同的社会阶层里，自然有着不同的评判标准。按照孔子的观点，符合“仁”的思想和“礼”的规范，都是正义的，而违背“仁”与“礼”的举动，就是“不义”之举。在儒家的道德伦理学说中，“义”是以“仁”与“礼”为依据的，因此，“勇”和“仁”与“礼”之间又有着密切的关系。

孔子不仅提倡人们要具备“勇”这种道德素质，更注重弟子们“勇”的培养。曾子在和学生子襄的一次谈话中，就谈到了孔子关于“勇”的教育内容：“子好勇乎？吾尝闻大勇于夫子矣：自反而不缩，虽褐宽博，吾不惴焉；自反而缩，虽千万人，吾往矣。”《公孙丑章句上·第二节》你喜欢勇敢这种品质吗？我曾经在孔子那里，听过一番关于大勇的道理。反省自己的言行觉得理亏，

冉有

那么即使对普通百姓，我难道就不恐惧吗？反省自己的言行觉得义理上没有亏欠，纵然面对千万人，我也能勇往直前。

据《史记·孔子世家》记载，孔子弟子冉有曾“为季氏将师”，与齐国在郎地开战，并打败了齐国。季康子问道：“子之于军旅，学之乎？性之乎？”冉有明确回答：向孔子学来的。在谈到战阵时，孔子曾说：“战阵有队矣，以勇为本。”

由此可见，孔子的教学内容里还涉及了军事知识，并且，孔子把如何培养“勇”的人格素质放在了很突出的地位。孔子的教育目的，是培养仁且勇的真君子，通过学而优则仕参与各国的政治经济与军事，改变当时“天下无道”的混乱局面，以实现自己“仁政”“德治”的政治主张。

也正是出于这一目的，孔子把“知、仁、勇”三种品德作为自己培养学生的教育目标。孔子谆谆地告诫弟子们：“好学近乎知，力行近乎仁，知耻近乎勇。知斯三者，则知所以修身。”（《中庸》）好学的人，距离成为智者就不远了；不论面对什么事情都竭力去做，那么距离成为仁者就不远了；时刻把荣辱之事放在心上，那么，距离成为勇者就不远了。能够清楚地知道这三件事的人，就可以了解为何人们要修养德行了。

孔子“知”“仁”“勇”的教育思想，与我们现代社会讲的“德、智、体”有很多相通之处，“勇”包含着健壮的体质和果敢的气魄。清代学者颜元说：“孔门司行礼、乐、射、御之学，健人筋骨，和人血气，调人情性。”他对孔子的教育评价还是非常中肯的。

为了使学生们养成“仁者之勇”，孔子因材施教，循循善诱，针对不同的弟子，采取不同的教导方法。

孔子的弟子中，冉求生来胆子小，做事缺乏勇气，孔子就教导他做事要当机立断，果断行事；而子路生性胆大，敢作敢为，

子路

虽然勇敢但缺少智谋，孔子就教导他凡事都先退一步，不要莽撞冒失，等请示父兄之后再慎重行动。又一次，子路向孔子求教："君子尚勇乎？"孔子回答说："君子义以为上。君子有勇而无义为乱。小人有勇而无义为盗。"孔子教育子路不要盲目推崇武勇，而应该用"仁""义"等道德伦理来规范自己的行动。

可见，儒家道德伦理中所说的"勇"，乃是推崇的"仁者之勇"，徒有勇敢却缺少仁义和智谋，那并不是真正的"勇"，更不被儒家学者所提倡。

仁者必有勇，勇者不必有仁

孔子说："仁者必有勇，勇者不必有仁。"(《论语·宪问篇》)具备仁德的人必然勇敢，但勇敢的人不一定具备仁德。

"仁"是孔子道德伦理思想体系的核心，也是他崇奉和追求的理想人格。孔子的"仁"，从伦理的角度来说，是"克己"与"爱人"的对立统一。要达到这一标准，就要做到"无终食之间违仁，造次必于是，颠沛必于是"。（《论语·里仁》）从建功立业的角度讲，要达到"仁"，就做到"博施于民而能济众"。(《论语·雍也》）这是孔子个人以及他教育弟子为人处世的基本原则。

为了达到"仁"这种道德伦理境界，有些原则是不能动摇和退让的，所以，孔子主张"当仁不让于师"，就是说，要勇于行仁德，勇于坚持真理，勇于坚守正义，为了行仁德，连老师也不

玉斧

能让步。自己有了过错，背离了“仁”的要求，那就应该“过则勿惮改”，勇于改正错误。而当自己的生命与“仁”这一最高道德准则发生冲突时，就要抱着牺牲生命也要坚持追求仁德的信念。所以孔子说：“志士仁人，无求生以害仁，有杀身以成仁。”（《论语·卫灵公》）这也就是“仁者必有勇”的深刻含义。

由此可见，“勇”是“仁”的一个重要内容，即作为一个仁者，必须具备坚毅、勇敢的品质，同时，“勇”又是达到“仁”这一理想道德境界的途径和手段，只有对“仁德”坚强果敢、矢志不渝的追求的人，才能达到“仁德”的境界。

但如果只有“勇”的气质，而无“仁”的指导，缺少“仁”的制约，没有对“仁”这一理想人格具有执着的追求，那么，所谓的“勇”也就成了蛮勇，这样的“勇”并非孔子理想人格中的“勇”，所以孔子又说“勇者不必有仁”。可见，孔子追求的是一种仁者之勇，而不是莽夫一般的勇。

在儒家的道德伦理体系中，“仁”是“礼”的核心内容，“礼”是“仁”的表现形式，二者不可分割。既然“勇”要受“仁”的约束，那么，“勇”必然也要受到“礼”的制约。所以，孔子说：“勇而无礼则乱。”（《论语·泰伯篇》）意思是，如果只具备勇猛的品行，却不能以礼制来指导和约束勇猛，人就会闯祸，天

青玉瑞兽摆件

下也会大乱。

在孔子看来，“礼”是一种非常重要的社会法则。他说：“丘闻之，民之所由生，礼为大。非礼，无以节事天地之神也；非礼，无以辨君臣上下长幼之位也；非礼，无以别男女父子之亲、婚姻疏数之交也。”（《礼记·哀公问》）

礼，是关系到国计民生的大事，如果没有了礼制，那么，长幼尊卑、男女父子等社会伦理秩序也就不存在了。“礼”是宗法等级社会的制度和规范，它强调的是尊卑长幼之序。所以，作为孔子提倡的优良品德之一的“勇”，也必须在“礼”的规范下进行实践，不然，就是蛮勇。在传统社会里，每个人都要安守自己的社会地位，勇于自省，按照社会给自己规定的地位去行事，勇于赴命。否则，只有“勇”而不遵从“礼”的约束，那就会导致社会变乱。

因此，孔子说：“勇而无礼则乱。”春秋战国时期社会现状是“社稷无常奉，君臣无常位”，公卿大夫弑君、臣民杀死公侯等违背礼制的现象屡见不鲜，出现了“君不君、臣不臣、父不父、子不子”的动乱局面。对此，孔子是深恶痛绝的，他认为这都是“勇而无礼”的结果，所以，当子贡向孔子求教：“君子亦有恶乎？”孔子就把“勇而无礼者”作为自己憎恨厌恶的对象之一。

孔子关于“勇”的阐述，还体现出儒家道德伦理学说的中庸思想。孔子反对血气之勇，他说：“君子有三戒：少之时，血气未定，戒之在色；及其壮也，血气方刚，戒之在斗；及其老也，血气既衰，戒之在得。”（《论语·季氏》）可见，在孔子这里，“好勇斗狠”实为君子之一戒。

孟子对孔子的这一思想进行了比较准确的概括，他认为：“可以死，可以无死，死伤勇。”（《孟子·离娄下》）这就是说，不要盲目地赴难，应该避免不必要的牺牲，盲目送死，有伤“勇”的品格，这并不是君子所为。

儒家提倡的“勇”，既是适应当时社会需求的一种道德观念，又是一种理想人格的寄托。儒家的“勇”，不是凡夫俗子所谓的血气之勇，也不是好勇斗狠之勇，而是一种在中庸思想制约下的“仁者之勇”，如果缺少了仁德和礼制的约束，这种勇就不值得提倡。

儒家提倡的“勇”，是一种道德实践，是人格修养方面的勇气，包括当仁不让、勇于改进等精神，同时，还是临危不惧、见义勇为的行为实践，儒家格外重视为主持正义而舍生忘死的豪勇。

当一个人具备了仁心、仁德时，他必然蕴含着勇的品性，也只有一个具备仁德之心的人，在现实需要时，才会勇往直前，而不会犹豫退缩、胆小怕事。儒家的道德伦理思想中，最为赞赏的就是这种以一颗仁爱之心去面对和战胜一切艰难险阻的勇行。

翡翠赤壁之战山子

战国末期“完璧归赵”的故事，就全面体现了君子之勇。当时，赵国无意间得到和氏璧，秦昭王听说后想要据为己有，因此声称秦国愿意以十五座城与赵国交换。赵王觉得，同意交换，秦国可能不给城，徒受欺骗。不同意交换，得罪秦国，可能秦国会来攻打。

完璧归赵

赵国一位大臣的门客蔺相如知道这件事以后，就在赵王面前分析利弊，并自告奋勇带着和氏璧出使秦国。他心里知道秦王虽然喜欢这块玉璧，却根本不想用十五座城来交换。到了秦国后，蔺相如呈上玉璧，秦王爱不释手，绝口不提用城池交换之事。蔺相如声称和氏璧有瑕疵，借机拿回，怒发冲冠地抱着和氏璧大声对秦王说："如果大王您不顾信用，想要抢我手上的玉璧，我就一头撞上皇宫里的柱子，相信玉璧一定会粉碎！"秦王听了虽然很生气，但是怕他真的撞上柱子而摔坏玉璧，一点都不敢轻举妄动。后来蔺相如更趁秦王不注意的时候，派人连夜把和氏璧送回去，并要求秦王先落实十五座城的事情。秦王虽然恼怒，但是因为不想兑现十五座城的承诺，而用强的话，赵国也有了准备，进退两难，只好把蔺相如放了。

蔺相如回到赵国被拜为上卿，并继续同强大的秦国周旋。在"完璧归赵"的事件中，他用自己过人的智慧，强大的勇气，消弭了战祸，带回了和氏璧，维护了赵国的尊严，充分发挥出自己的智慧和勇气，这才是君子之勇。

儒家的理想人格：知仁勇

“勇”是孔子作为理想人格的一种要素而提出来的。孔子说：“知、仁、勇三者天下之达德也。”（《礼记·中庸》）在孔子看来，智慧、仁德和勇猛，是通达天下的德行。而孔子的这种说法，就成为儒家对理想人格进行的总结，即“知仁勇”。

孔子又说：“君子之道有三，我无能焉，仁者不忧，知者不惑，勇者不惧。”子贡立即说：“夫子自道也。”（《论语·子罕》）有智慧的人不会迷惑，有仁德的人不会忧愁，勇敢的人不会畏惧，这是儒家理想的人格，而子贡则认为，孔子就具备这样的道德人格。所以，我们可以知道，孔子是被弟子们当作“知仁勇”理想人格的化身来崇拜的。在对弟子的日常教导中，孔子非常注重培养和塑造弟子的道德人格，并且，经常以“勇”作为议论内容，使学生们认识到“勇”的重要性。

青玉关公坐像

有一次，子路问孔子，一个人怎样做才算是道德完美的君子。孔子说："若臧武仲之知，公绰之不欲，卞庄子之勇，冉求之艺，文之以礼乐，亦可以为成人矣。"（《论语 · 宪问》）如果能够具备臧武仲的才智，孟公绰的克制，卞庄子的勇敢，冉求的多才，再用礼乐对德行加以提高，就可以称得上是一个道德完美的君子了。

孔子不仅是一个伟大的思想家和教育家，而且还是一位身体力行的实践者。他时刻都按照自己的理想人格，进行着道德实践，并且，还有意识地用自己的言行，来感化和教育弟子，为他们做出表率。历史上的孔子，不仅是一位学识渊博的学者，而且是一个文武兼备的全才。在《史记 · 孔子世家》中有这样一段记载：孔子身体健壮，身高九尺六寸，“人皆谓之长人而异之”。春秋时期，如果一个人想走上仕途，那么必须掌握“六艺”，即礼、乐、射、御、书、数这六项基本功。“射”就是射箭的技法，“御”就是赶车的本领。射和御是古代进行战争时必须具备的两大技能。

孔子的射箭技艺是非常精湛的，据《礼记·射义》记载：有一次，孔子在曲阜城西郊练习射箭，由于他的射箭技艺高超，所以，围观的人也是如同一堵墙一般。根据现存的文献典籍资料我们可知，孔子不仅具有高超的武术基础，而且具有临危不惧、处变不惊的大智大勇品格。比如，在“夹谷之会”“堕三都”及出访列国遇险等事件中，就表现出他的这种勇敢、智慧的品质。

公元前 500 年的夏天，齐鲁两国的国君约定在夹谷相会，孔子任鲁君相礼，也就是现代的司仪。齐国大夫犁弥认为孔子虽然礼仪周到，却缺少勇武，于是就与齐侯密谋，企图在会盟时将鲁侯劫持为人质。

会盟开始之后，齐国以奏四方之乐为名，命令军队带着兵器涌来。在这个危急关头，孔子早已有所准备，当即便指挥鲁军进行自卫。同时，孔子还大义凛然地斥责齐国国君，没有丝毫惧怕，他有理、有利、有节地戳穿了齐人的阴谋，迫使齐侯道歉，并且

孔子夹谷会齐

不得不把之前占据的鲁国城池归还给鲁国。

在夹谷之会后，鲁国在政治、军事、外交、道义等方面取得了胜利，而这一切，又和孔子的大智大勇密不可分，所以，“夹谷之会”是孔子对其倡导的“仁、知、勇”的人格观念的具体实践。

青玉山水人物方瓶

"堕三都"说的是孔子在鲁执政期间，为加强朝廷权力，便削弱三桓及其家臣的势力。由于这项措施得罪了权臣，所以，在实施的过程中，孔子遇到了不小的阻力。在削弱费都的权势时，季孙氏的家臣费宰公不狃率兵袭击鲁国的国都曲阜，鲁公被围困。在这千钧一发的时刻，孔子亲自指挥国都内的军队作战，不仅保卫了鲁公，击退了费人的进攻，还取得了削弱费都的胜利。

孔子堕三都

孔子在陈受困

还有一次，孔子带领弟子们离开陈国前往蔡国时，被陈蔡两国的军队所围困，大家都很惶恐，甚至还有人因此而生病。虽然弟子们都非常不安，但孔子却精神饱满，若无其事，继续讲学、诵诗、弹琴。孔子的举动让弟子们深受鼓舞，大家不再唉声叹气，而是像平时一样，随着老师钻研学问，或者鼓琴吟诗。

以上这些典故说明，孔子关于“勇”的人格观念和道德主张，贯穿了他一生的政治生涯与教育活动，而孔子则在长期的人格修养和道德实践中，完成了自己对于“仁者之勇”的追求。这就难怪，在孔门弟子的眼中，孔子就是“知仁勇”的化身。君子并非不尚勇武，只是，君子更崇尚道义。勇敢固然可嘉，但如果不用仁义与礼制加以约束，那么，即便是君子也会作乱，而小人就会沦为强盗了。孔子之所以把智慧、仁义与勇武这三者放到一起来说，也正是为了表明，这三种德行只有同时存在时，一个人才能称为君子，而一旦缺失了其中的某个德行，那么，这个人不是莽撞的蠢汉，就是懦弱的书生。

孔子关于“勇德”的思想以及实践，对后世产生了深远影响。中华民族历来崇尚能文能武、文武双全的人才，这种观念，就是对孔子“知、仁、勇”君子观念的继承。

在玉德中，温润的质地是君子仁爱的核心；琢磨自己、抛弃自己成就了君子之大义；玉器的功用是君子之礼；玉声悠扬是君子之智；瑕不掩瑜是君子之信；在这五德的基础上，具有极高的韧性和硬度，不屈不挠，宁为玉碎，不为瓦全，就是君子之勇了。“勇德”是一种不畏艰难险阻的气质，是一种不怕牺牲的精神。为了成全仁德之行，可以牺牲自我，这就是大勇。

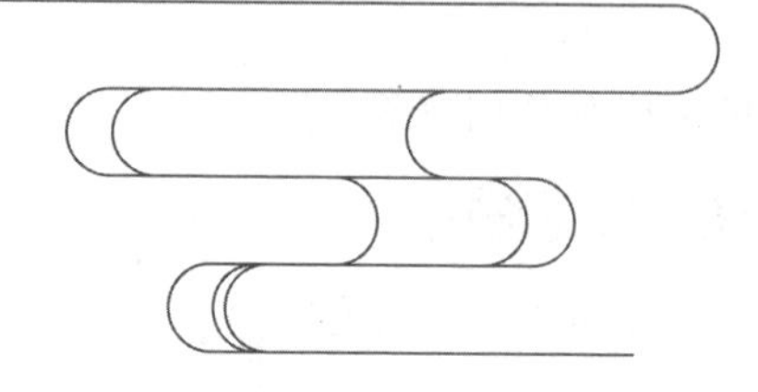

第九章 玉德之洁

君子廉洁制身

儒家讲廉洁，道家讲全真，佛家讲戒律，虽然说法不一，但核心指向都是人的品性之洁。可见，“洁”在中国的传统文化里，占有着重要地位，并且对现代的精神文明建设，也起到了深远的作用。

君子当廉洁自律

东汉学者王逸说：“不受曰廉，不污曰洁。”

廉，原本的意思是厅堂的侧边。在《说文解字》中，廉被解释为“廉，仄也。堂之侧边曰廉，故从广”，引申出边，与角相对。《九章算术》中又说：“边谓之廉，角谓之隅。”从这些文献典籍里我们可以了解到，“廉”的意思是正直、清廉、考察、廉价等，后来又进一步引申到人的道德行为层面，意为少拿浅取，不贪不义之财。

洁，本义是干净、清洁。在《管子·水地》中有言：“鲜而不垢，洁也。”洁的“鲜而不垢”的含义，很自然地被人引申为行为清白、品德高尚。

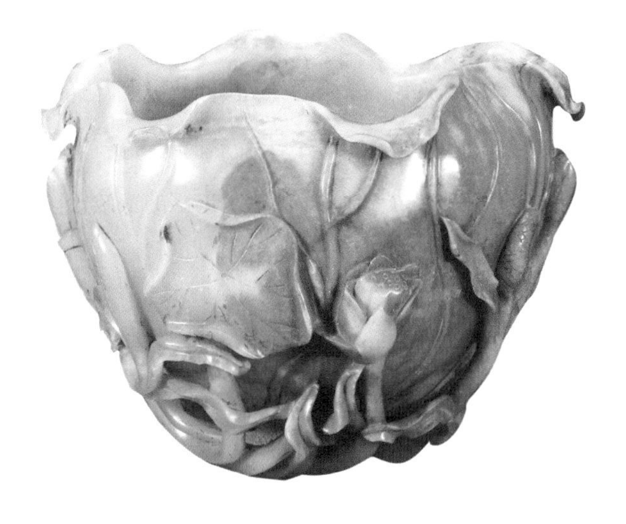

白玉荷叶形笔洗

廉洁这两个字合在一起，说的就是一个人要清清白白地行事，要光明磊落地做人。“廉洁”一词合用，最早见于著名爱国诗人屈原的《楚辞·招魂》：“朕幼清以廉洁兮，身服义而未沫。”王逸在注释时，将“廉洁”解释为“不受曰廉，不污曰洁”。在《辞源》上“廉洁”被解释为“公正，不贪污”。汉代王充在《论衡》中写道:“案古篡畔之臣，希清白廉洁之人。”此外，《辞海》中对“廉洁”的解释为“清廉，清白”。

由此可见，“廉洁”指的是人们要拥有洁身自好的品格、高洁清白的行为，以及矜持自重的处世态度。儒家思想作为中国传统文化的主流思想，博大精深，源远流长。早在两千多年前的春秋战国时期，那时候诸子百家，竞相提出自己的学说，而儒家的代表人物则在自己的政治主张中，表达了自己对廉洁的认识，提出“君子之洁”。儒家思想在封建社会中长期占据着统治地位，历代的儒学大家在政治实践中，则积累了丰富的廉政治国的智慧。

青玉莲纹活环炉

孔子说："为政以德，譬如北辰，居其所而众星共之。"（《论语 · 为政第二》）以道德教化来治理国家和民众，君主就会像北极星那样，居于一定的方位，而群星都会环绕在自己的周围。由此可见，若要治理国家，必先让自己成为道德榜样，如此才能服众。

儒家的政治主张是以德治国，即对臣民进行德育教化。而治理国家的一个重要组成部分，便是廉政自律。所以，儒家认为，廉政治理应该把道德教化作为施政基础。要达到这一要求，不仅需要为政者在道德修养上努力自行提升，更需要对文武百官进行思想道德方面的教化。

一方面，儒家的入仕理想是修身、齐家、治国、平天下，通过完善自己的道德修养，实现天下太平的社会局面，修身是治国的前提与基础，是一种道德方面的底层逻辑。作为一国君王，或者一朝官员，必须注重自我修身，不断提升自己的道德素养。另一方面，透过儒家关于人性善恶的争论，我们看到的是，儒家各派在人性问题上的共同之处，那就是人性可以通过后天的教化而发生改变，人性本善的通过教化能够变得更加纯善，而人性本恶的则通过教化变得善良知礼。所以，儒家强调要通过廉政教化来提升为官者的廉洁从政能力。

在儒家道德教化思想的影响下，封建社会中逐渐形成了在入

白玉帽架

仕前就进行的君子圣贤教育，并且，即便是在入仕之后，依然会对士大夫进行官箴规劝。

制度上的约束是廉政自律的保障。儒家一向重视礼制，强调“礼制”和“德政”，强调“不知礼，无以立”“无礼义，则悖乱而不治”。其实，传统社会所说的“礼”，不仅指个人要遵守的道德原则，也指社会全体成员必须遵守的社会制度。

在治理国家方面，儒家不仅强调要“为政以德”，即通过道德原则来处理政务，还认为应当“为国以礼”，即通过礼制来树立大国风范。儒家认为“礼”是“王之大经”，“礼”能“经国家、定社稷、序人民、利后嗣”（《左传·昭公十五年》）。儒家这种“礼制”的观念，体现在廉政治理方面，必然会出现对为官者进行的道德教化，不仅要让为官者认识到廉洁自律的必要性，更要时刻警醒自己、约束自己，用制度来规范为官者的廉洁从政行为。

儒家在治理国家政务的思想中，既突出“以德治国”的重要性，同时，也并不完全排斥“法治”，所以，成熟后的儒家思想在治国理政方面的主张其实是“德法结合”“德主刑辅”。

孔子说：“道之以政，齐之以刑，民免而无耻；道之以德，齐之以礼，有耻且格。”（《论语·为政》）用行政命令来治理国家，用刑罚来约束民众，民众虽然暂时避免犯罪，但还不知道犯罪是可耻的；只有用道德来教化民众，用礼义来约束他们的言行，民众不但会有廉耻之心，而且也会守规矩。

国家治理应该以“德治”为基础，但是，也要把“法治”作为必要的补充。荀子提出“援法入儒”的观点，是以人性恶作为理论基础，认为人有好利恶害的倾向，有追求耳目享乐的欲望。

碧玉嵌白玉西番莲纹宝盒

所以，德治与法治并行，才能保证人性趋向良善，保证为官者廉洁从政。

孔子的弟子曾子提出的许多观点虽然没有对廉洁自律进行过正面解读，但却为后人提供了进一步了解“君子之洁”的理论基础。

曾子说：“生财有大道。”便是说明创造财富有一个最为基本的原则，那就是不能捞取不义之财。而廉洁的含义之一，便是不收取不义之财。他说：“君子以仁为尊。天下之为富，何为富？则仁为富也；天下之为贵，何为贵？则仁为贵也。”（《大戴礼记·曾子制言中》）君子认为，仁德最为高贵。富有天下能叫作富有吗？只有具备仁德才叫富有；贵为帝王天子，叫作尊贵吗？只有具备仁德才叫尊贵。

在曾子看来，作为一个有道德修养的君子，要把仁德看得比财富更尊贵，不能物欲熏心，见钱眼开，而这一点正是“廉洁”的行为表现。

曾子又说：“君子直言直行，不宛言而取富，不屈行而取位。”（《大戴礼记·曾子制言中》）。有道德有修养的人，说话做事都要正直，不能靠花言巧语求取财富，也不可以靠卑躬屈膝求取官爵。这不正是廉洁的表现吗？晋国和楚国都试图用重金聘请曾子做官，但都被曾子拒绝，有人为他感到惋惜，曾子却宁可贫穷而清正廉洁地活着，这正体现了儒家所谓的“君子之洁”。

廉洁思想源远流长

儒、墨、道、法等诸子百家针对廉洁的道德规范问题，都提出了各自的观点。进入东汉末年，佛学传入中土，佛家融合了儒道等各家各派的思想，也对廉洁思想提出了自己独特的观点。这些学派和思想，为我国古代廉洁思想的形成奠定了理论基础，而中国传统社会的廉洁文化，正是在这样的基础上不断发展并完善起来，由此形成了一套完整道德理论和道德实践体系。

儒家讲廉洁，道家讲全真，佛家讲戒律，虽然说法不一，但核心指向都是人的品性之洁。可见，“洁”在中国的传统文化里，占有着重要地位，并且，对现代的精神文明建设，也起到了深远的作用。可以这样说，如果没有廉洁自律的品质，就不会有君子的道德成就。

白玉龙纹首饰盒

在原始社会末期，“廉洁”首先作为一种实践活动而产生，而关于廉洁的思想认识，则起步稍晚，可以追溯到西周统治者提出以“廉”作为选拔、考察官员的道德标准。

进入到春秋时期，周王室衰微，诸侯群起争霸，社会动荡不安，贪腐行贿的风气开始流行并迅速蔓延。各诸侯国因贪贿而亡国的事例时有发生，这些教训给那些具有忧患意识的人们以深刻的震撼。许多思想家开始著书立说，谈论贪贿的危害，并对这种行为大加抨击，有关“廉洁”的道德规范问题，成为儒家、道家、法家等思想家争论的焦点话题。各位思想家均对廉洁的道德规范问题提出了自己的看法，并且希望通过理想与道德的教化，来实现政治上的清廉。

青玉笋竹花插

儒家之所以重视“廉”，是因为儒家学者重视德政，而廉不仅是德政的一个重要范畴，更为德政的施行提供了保障。儒家认为，“廉为政本”“廉为官宝”。班固在《汉书 · 宣帝纪》中写道：“吏不廉平则治道衰。”可见，为官者必须具备廉德，不然，就不能施行德政。

《晋书 · 阮种传》中有这样一段记载：“夫廉耻之于政，犹树艺之有丰壤，良岁之有膏泽，其生物必油然茂矣。”廉洁对于从政的重要性，就像土壤和雨露对于生物来说是必不可少的，一旦失去了廉洁，那么政权终会倾覆，为官者的廉洁是实现政权稳固持久的客观需要。这段话里深刻地揭示出“廉”在政权建设中的作用。

清代学者王永吉在《御定人臣儆心录 · 循利论》中论道：“大臣不廉，无以率下，则小臣必污；小臣不廉，无以治民，则风俗必败。”居于高位的大臣不廉洁，就不能成为下属的表率，那么他手下的官员就必然会贪污；小官员都做不到廉洁，那么也就谈不上治理民众，所以，这个地区的风俗道德必然败坏不堪。从上行下效的角度，说明了官员能否清廉，直接关系到社会风俗的优劣。

中国古代有着优良的“民本主义传统”，儒家一贯强调“民为邦本，本固邦宁”（《尚书 · 五子之歌》）的观念，即百姓是一国之基础，百姓安居乐业，国家便可太平无事。孔子曾明确提出“修己以安百姓”的爱民思想，要求为政者关心百姓在衣、食、祭祀、农事等方面的基本问题，这样才能收服民众的心，让民众心甘情愿地服从管理。到了孟子那里，贵民的思想体现得最为鲜明，而民本思想也发展得更加系统。

孟子明确提出“民为贵、社稷次之、君为轻”（《孟子·尽心下》），要求统治者从“得民心”出发，以实现“保民而王”的政治功用。荀子的“民本思想”具有其独到之处，他说：“故君人者欲安，则莫若平政爱民矣”“庶人安政，然后君子安位。《传》曰：君者舟也，民者水也，水则载舟，水则覆舟。此之谓也。”（《荀子·王制》）荀子又说：“用国者，得百姓之力者富，得百姓之死者强，得百姓之誉者荣。三得者具，而天下归之；三得者亡，而天下去之。”（《荀子·王霸》）通过儒家几位代表人物孔子、

黄玉菊瓣纹花耳盖碗一对

孟子和荀子的言论，我们可以看出儒家学者对“民为邦本”思想的深刻认识，而这种民本思想正是廉洁从政的理论基石。

此外，儒家推崇的“仁爱”思想，要求君主应该实行仁政。比如，《论语 · 颜渊》记载道：“樊迟问仁，子曰‘爱人’。”从这里可以看出，孔子对“仁德”下的定义就是“爱人”。孟子则直接提出“仁者爱人”（《孟子 · 离娄下》）的理念。儒家所讲的“爱人”具体来说，就是要“推己及人”。孔子曰：“己欲立而立人，己欲达而达人”（《论语·雍也》）。“己所不欲，勿施于人”（《论语·颜渊》）。孟子说：“老吾老，以及人之老”“幼吾幼，以及人之幼。”（《孟子 · 梁惠王上》）这些言论都反映出儒家仁德爱人的思想。这种仁德思想，落实在日常生活里，就要求为政者能够做到为百姓伸张正义、兴利除害、关心民生。要做到这些，那么必然离不开当权者的廉洁执政。

儒家主张“内圣外王”的为政之道，以及“天下为公”的政治理念，这也正是儒家推崇的理想人格和道德行为准则。《礼记·礼运篇》中说：“大道之行也，天下为公，选贤与能，讲信修睦。故人不独亲其亲，不独子其子；使老有所终，壮有所用，幼有所长，鳏、寡、孤、独、废、疾者有所养……是谓大同。”要实现这样的大同社会，首先就需要为政者能够做到为坚持公义而战胜一己私欲。如果缺少廉洁自律的观念和道德实践，那么天下为公也好，大同社会也罢，都不过是一个理想罢了。

儒家在讲到廉洁的时候，特别提到要正确处理金钱与道德、财物与道义之间的关系。儒家在处理“义”与“利”的关系上，主张“以义制利”“见利思义”。孔子主张“饭蔬食饮水，曲肱而枕之，乐亦在其中矣。不义而富且贵，于我如浮云”。（《论语·述而》）又说：“见利思义，见危受命……亦可以为成人矣。”（《论语·宪问》）孔子的这些思想被孟子所继承和发扬。孟子说：“可以取，不可以取，取伤廉。”（《孟子·离娄下》）

廉洁文化思想源远流长，而在儒家的学说中又得到了深刻地解析，进而成为融进中华民族血液里的道德理念。

廉洁自律，以修君子之德

如果说，廉洁从政是儒家思想家们给当政者提出的道德要求，那么，廉洁自律便是个人求得君子道德境界的一项修炼手段。从古时候起，那些严于律己的君子便自觉遵守着道德行为准则，并流传下许多感人的故事。

春秋时期，宋国有个人得到了一块玉石，经过工匠鉴定后指出，这是一块稀世美玉。这个人准备将这块美玉献给大官子罕，子罕却不肯接受。献玉人说："我找人鉴定过，此玉确实是一块宝玉，所以我才敢进献给您。"子罕却说："我把不贪图财物的操守当作是宝物，你把玉石作为宝物。如果你将玉给了我，那么，我们两人都会失去了心中的宝，还不如我们各自拥有各自的宝物比较好。"

不受贿赂的子罕

这就是《子罕辞玉》的典故。真正的君子，不论在什么时候，都会遵照内心坚守的道德信条去约束自己的言行。

北宋文学家、儒家理学思想家周敦颐任南康知军期间，开凿出一个池塘，池塘里遍种荷花，这便是“爱莲池”。不仅如此，他还写下了传世名篇《爱莲说》。《爱莲说》是周敦颐廉洁文化思想的重要组成部分，而这篇文章因为深刻的廉政内涵，受到当时乃至后世的广泛传承。一篇《爱莲说》不过百余字，却字字珠玑，表达了周敦颐为人处世的行为准则，彰显出一代大儒洁身自好的高尚人格和道德追求。

为何周敦颐如此喜欢莲花呢？因为莲花“出淤泥而不染，濯清涟而不妖”。这里看似写莲，实则喻人。周敦颐描写莲花的生长特性，实则在说君子不为世俗所染；他写莲花经清水濯洗，洁净如玉，毫无媚态，比喻君子不邀宠、不媚世，坚守内心的道德理想。在周敦颐笔下，莲花“中通外直，不蔓不枝，香远益清，亭亭净植”，这种不染、不妖、不蔓、不枝、不可亵玩的特性，正好展现出一位廉士洁身自好、坚守道义的品格。在顺境中不骄奢、不显摆，在朝堂上不趋炎附势、不溜须拍马，身在低谷时依然能够胸怀磊落坦荡。是真君子，必先有节操、有信念，有矜持自重的处世态度。在中国传统文化里，莲花也就成为了廉士的象征。

翡翠观荷图山子

马克思说过：“道德的基础是人类精神的自律。”一个真正的君子，必然注重对自我的道德约束，不断提升自己的道德素养。就个人道德修养层面来说，要做到廉洁自律，就要谨慎处理“义”与“利”之间的关系。儒家有句话：“君子喻于义，小人喻于利。”因为贪图一己私利而败坏了个人声誉，乃至从此彻底踏上道德败坏的不归路，这样的事例古往今来，数不胜数。可见，廉洁自律既是道德要求，也是道德目标。

历代的儒家学者围绕着如何取舍“义”与“利”，进行过精妙的讨论。比如，孟子说：“万钟则不辨礼义而受之，万钟于我何加焉？”（《孟子·告子上》）万钟的俸禄如果不能确定是合乎礼制的就贸然接受，那么，这样的俸禄对我而言，又有什么益处呢？可见，对于这种可取可不取的物质利益，孟子认为宁可不取，也不能因为收受了俸禄而败坏了道德和礼制，这就体现出儒家重义轻利的道德取向。

儒家的“以义制利”的思想，给人们带来了具有思考性的价值取向。它教导为官者，对于“利”要有一种理性的制约，如果眼前的“利”不符合礼制，不符合道德，那么就不要动心思，更不要接受不义之财。对于一般的民众，那就要清清白白做人，不要获取不义之财，不要贪图私利而违背道德伦理。

白玉莲瓣形小盒

为了加强民众对廉洁自律这种道德观念的坚守，儒家特别提出人要具备羞耻之心的要求。在现代汉语词典里，“耻”的意思是：羞愧、耻辱。在儒家思想家看来，具备羞耻之心是一个人最为基本却也最为可贵的品格。因为，一个人如果没有了羞耻之心，那么也就丧失了道德底线，什么事都敢做，哪怕是突破人性的事情，只要能给自己带来利益，那么也会去做。这样一来，整个世道就彻底败坏了。

孔子说：“行己有耻。”说的就是作为一个人要做到自尊、自爱，要时刻反省自己的行为，是不是做过令自己感到羞耻的事情，有则改之，无则加勉。若是丧失了羞耻之心，一个人就到了无药可救的地步。

孟子说：“羞恶之心，义之端也，无羞恶之心，非人也。”他又说：“我善养吾浩然之气。”（《孟子 · 公孙丑上》），只有使自己的浩然正气“塞于天地之间”（《孟子 · 公孙丑上》）、“上下与天地同流”（《孟子 · 尽心上》），才能做到廉洁自律，才能逐步提升自己的道德境界，成为一个真正的君子。

北宋时期的文学家、政治家欧阳修曾说过：“廉耻是立人之大节。”可见，自我道德修养，应该从具备羞耻心开始做起。能够知道什么是光荣的，什么是羞耻的，这就是维护道德的防线，也成为人们的一种精神动力。因此，在传统社会里，儒学把知耻的培养作为个人道德教育的起点。

在儒家的思想观念里，有一个“敬节死制”的原则，它要求人们的言行光明磊落，真正做到临危而不易其节，见利而不忘其义。这就是儒家的“气节”思想。孔子说过：“三军可夺帅也，匹夫不可夺志也。”“岁寒然后知松柏之后凋也。”（《论语 · 子罕》）这些都表明，真君子必有大气节，而一个具备气节的人，也必然能够做到廉洁自律。

孟子说：“富贵不能淫，贫贱不能移，威武不能屈，此之谓大丈夫。”（《孟子 · 滕文公下》）荀子则继承了孟子的观点，提出“士君子不为贫穷殆乎道”（《荀子 · 修身》），并明确提出“德

青玉荷叶形笔洗

操”的概念——“权利不能倾也，群众不能移也，天下不能荡也，生乎由是，死乎由是，夫是之谓德操”。（《荀子·劝学》）一个具备德行操守的人，权势、利禄都不能使他倾倒，众人的反对也不能使他改变初衷，从生到死，他都能坚守高尚的道德规范。

由此可见，能够自觉培养气节的人，也才真正能够具备清廉的品格，也只有这样的人，才称得上是真君子。如果用一句话来概括玉德中的“洁”德，西汉大儒董仲舒在《春秋繁露》中说的：“玉润而不污，至清也，故君子比之于玉。玉有瑕疵必见于外，故君子不隐所短。”是最为恰当不过了。

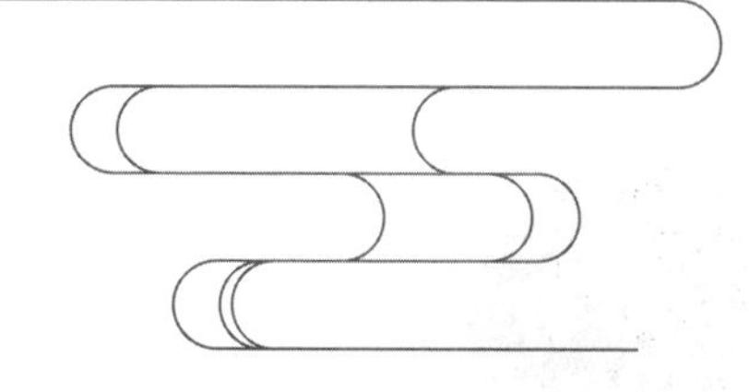

长寿之路

君子仁爱精神的永恒

“

玉石，因其色泽温润、表里如一、质地坚硬、莹润剔透而被人类视为珍宝。玉器，经过匠人切磋琢磨，牺牲自我而终于成为载道之器，实现了精神的永恒传承。

从宽容之心到仁爱之心

在几千年的中国传统文化中，“玉”早就已经超出了其本来的价值和意义，不再作为一种“物”而存在，成为了一种精神，是品德和操守的象征。在传统经典中，以玉比君子的词语随处可见，“言念君子，温其如玉”（《诗经·秦风·小戎》）“有匪君子，如圭如璧”（《诗经·卫风·淇奥》）“如圭如璋，令闻令望”（《诗经·大雅·卷阿》），……自汉代以后，以儒家思想为核心的国家教育体系把三纲五常中的“五常”与玉德进行了统一，玉德从九德说、十一德说到五德说正式定义为“仁义礼智信”五德，玉就是君子，君子就是玉。

玉石，因其色泽温润、表里如一、质地坚硬、莹润剔透而被人类视为珍宝。玉器，经过匠人切磋琢磨，牺牲自我而终于成为载道之器，实现了精神的永恒传承。儒家思想的创始人孔子，以玉作为君子人格的象征，把玉同人的行为、信念和修养紧密地联系在了一起，言念君子，温其如玉。一块美玉，需要经过工匠的雕琢，方能成器；人非圣贤，必须不断学习修行，才能成为君子。玉有德性，君子也必须具备核心的道德操守。孔子用玉规范君子的心性举止，琢玉以求美器，修身而成至善。

成为君子的前提就是要像玉一样拥有包容天地的胸怀，玉由石变玉的过程中经历了高温熔岩、酷暑严寒，吸收天地日月之精

翡翠布袋和尚摆件

翡翠布袋和尚摆件背面

华，采纳万物生长之灵气，再经历亿万年山川河流的研磨冲刷方能成就一块温润无瑕的美玉。子曰：“三人行，必有我师焉；择其善者而从之，其不善者而改之。”君子如果没有虚怀若谷、涵养十方的心胸，就不能虚心求教而成就自己，更何况君子的核心价值是利益他人。这种理念不仅仅体现在儒家思想上，在中国的道家、佛家思想里也有着共同的认知和体现。比如在汉传佛教的寺庙建筑中都有一个共同的规制，人们进入山门后看到第一尊菩萨是大肚弥勒，在弥勒的四周是四大天王，俗称“天王殿”。佛教有一句非常有名的偈语“心包太虚，量周沙界”，意思是说人的心可以包下整个太空，而含摄如恒河沙一样众多的世界。这表明，如果没有宽容之心，众生是进入不到真理之门的。

什么是“君子”？并没有一个明确的界定。孔子对“君子”有一个比较宽泛的论述，不仅限于“君子”一词，“士”“仁者”“贤者”“大人”“成人”“圣人”等，都与“君子”相关。以道德作为自己的理想目标，以仁为内在精神，以义为基本的行为原则，以礼为外在规范，能够做到这些，便是一个君子。要成为君子，则须经过修身养性。这与雕琢玉器的过程是无二无别的。

西汉儒者韩婴说：“玉不琢，不成器，人不学，不成行。家有千金之玉，不知治，犹之贫也。同于君子修身立命之道。夫士欲立身行道，无顾难易，然后能行之。欲行义白名，无顾利害，然后能行之。”（《韩诗外传》卷三）在《礼记·学记》中也有类似的记载：“玉不琢，不成器，人不学，不知道。是故，古之王者建国君民，教学为先。”切、磋、琢、磨是古代加工玉石的必要工序。对人而言，不论是学问，还是道德，也要像加工玉石那样，如切如磋、如琢如磨才能成为君子。而这个过程是一个通过舍弃小我而成就大我的过程。

在古代，玉器的雕琢主要有三个步骤。首先要“开料”。因为刚刚开采出的玉料，外表往往有一层璞，也叫玉皮。开料之后打掉玉皮，才能露出温润而泽的玉肉。第二步是雕琢成形，根据玉的质地、颜色、形状等特征，量料施工、因材施艺，把玉料雕琢成各种美妙的造型。最后一步是打磨抛光，通过打磨抛光，玉器才能呈现出温润光洁的美感。这三个步骤，把玉最真、最善、最美的一面呈现出来，是一块普通的玉石经过历练而成为一件具有文化内涵的器物的价值追寻，同样也是一个人经过历练走向至美人格的价值追寻。

人都是有缺憾的，犹如玉有皮有瑕。只有当一个人做到知耻、

翡翠雪中送炭摆件

知止，认识到自身的缺憾，并且切实做到为其所当为、行其所当行，才是一个真正意义上的人，这就是所谓的成人。人生的价值就在于无限地追求人格的完美，“见贤思齐焉，见不贤而内自省也”，（《论语 · 里仁》）以他人之长作为自己前行的镜子，就要力求向他看齐；看到有人在某一方面有不好的表现，就反省自己是否也有类似的“瑕疵”。雕琢人生，也就是修行。

“仁”是君子立世之本，但是作为一个真正的君子，只有内在的品德还不够，还须有外在的文采。孔子说：“志于道，据于德，依于仁，游于艺。”（《论语 · 述而》）孔子于志道、据德、依仁之外，还要人们“游于艺”，亦即广泛经历各种艺事。此艺虽然也具有内在品德的因素，但无疑更是一种外在的修饰。孔子以六艺授徒，六艺包括：礼、乐、射、御、书、数。其中的乐非常明显地注重于培养人的外在文采，这种思想逐步形成了后来的科举制人才选拔体系。

在儒家的观念里，玉德即人德，人德也就是君子之德。君子修习人格、涵养道德的过程，也就是玉石琢磨、历练的过程。美玉琢磨了自己，成就了他人，这就是推己及人，就是君子的仁爱之心。“仁者，谓其中心欣然爱人也，其喜人之有福，而恶人之有祸。生心之所不能已也，非求其报也”。所谓仁，是说其从心底里欣然地去爱别人；他不但喜欢别人有福，而且不喜欢别人有

翡翠雪中送炭摆件

灾祸；这是从心中生起而不能停止的情感，是不求回报的情感。孔子在《论语》中对仁爱的解释最精辟：“樊迟问仁。子曰：‘爱人。’”“爱人”就是“及人”，仁爱就是儒家思想的总纲，仁、义、礼、智、信包含在君子的“仁爱之心”中。

兼善天下的进取之心

在儒家看来，对民众进行道德教化，乃是施行统治的核心方式。重教化不仅是儒家伦理思想的重要内容，更是儒家政治、经济思想的重要组成部分。孔子说：“道之以政，齐之以刑，民免而无耻；道之以德，齐之以礼，有耻且格。”（《论语·为政》）用政令来治理百姓，用刑法来约束他们的行为，老百姓只会求免受惩除而不去犯法，却不会产生廉耻之心；用道德引导百姓，用礼制去教导他们，百姓不仅会有羞耻之心，而且还能够做到自律。孔子的意思便是，强硬的行政手腕虽然也能换来太平的局面，但不如让民众自觉主动地追求善行。

《礼记·缁衣》中将“道之以德”解释为“教之以德”，这说的就是通过教化培养德行。在孔子看来，通过道德教化培养人们的道德感和荣辱心，民众才会出于自觉而提升自己的道德素养。

所以，孔子主张“为政以德”，大力提倡德治，而“玉德”之功用便在于教化，玉的本质精神则是仁、义、礼、智、信这五种最为基本的人伦道德。基于艺术教育与品德教育本身就是融合一体的理念，孔子提出的君子比德于玉的思想不但是一种教育创新的手段，更为中国的玉文化进行了一次提升，将玉器从神权的象征和王权的象征转化为君子的象征，并将玉德人格化。可以说，如果没有孔子的比德于玉，就不会形成完整的中华玉文化，玉也不

翡翠步步登高摆件

会成为中华民族的符号与象征。春秋时代的士大夫们皆佩玉，并且有严格的规制。人们只要触碰到自己的佩玉，听到佩玉撞击发出的悦耳的声音，便能联想到君子仁、义、礼、智、信的德行，从而对自己当下的言行与意识进行反省，这就是儒家所追求教化的最高境界——道之所存，师之所存也。

“仁”，作为孔子思想体系的理论核心，是孔子在伦理道德方面的最高理想和标准。同时，“仁”的思想也反映出他的哲学观点，“仁者爱人”的道德理念对后世影响非常深远。仁爱的精神体现在教育思想和实践上便是“有教无类”。春秋时代，只有官府才有资格办学，而那些家庭条件富有的人家，才有能力给孩

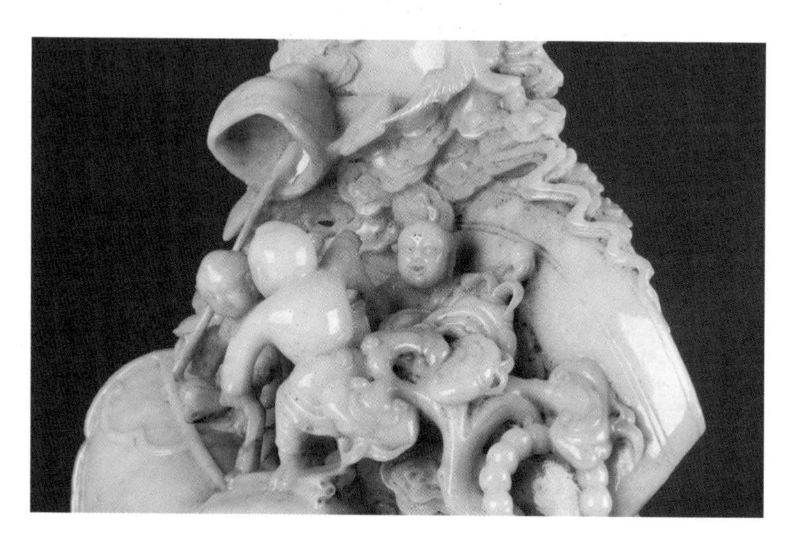

翡翠步步登高摆件局部

子提供教育。所以，民众学习文化知识和提升道德素养的机会就比较少。孔子首开私学，弟子不问出身贵贱敏钝，均可来接受教育，提升道德素养。仁爱的精神体现在政治上便是强调“德治”，而德治的精神实质，就是爱人，所谓“爱人”便是推己及人，由亲亲而扩大到广大的民众才是仁之本意，简而言之对于国家是“仁爱利民”，对于个体就是“慈悲仁爱”。

“义”，原指“宜”，意思是行为举止符合礼制，孔子以“义”作为评判人们的思想、行为的道德原则。儒家有言：“君子喻于义，小人喻于利。”这便是“义”与“利”之间的关系。“义”的概念最早由孔子提出，在经过后世儒家学者的发展之后，“义”成为了儒家道德伦理中的一个重要范畴。发展到当代，于国家做到“正义奉公”，于个人做到“有情有义”，都是普世的价值观。

“礼”，在中国传统社会里，是社会的道德规范和生活准则，它对中华民族的精神素质建设起了重要作用。原本的“礼”指的是周代礼制，孔子根据春秋时期的社会现状，对“礼”进行了变革，“兴于诗，立于礼，成于乐。”（《论语·泰伯》）人的道德修养，开始于学《诗》，自立于学礼，完成于学乐。可见在儒家的思想体系中，“礼”不但是用于治理国家的礼制，还是完善个人修为的礼仪，成为了教育的手段。“礼”的概念发展到今天对人的教育意义还充分体现在“尚礼守法”和“彬彬有礼”等各个方面，中华民族就是礼乐之邦。

“智”同“知”，指的是人们对事物的认识能力，也可以理解为知识和见解等。“智”的主要内涵涉及知的性质、知的来源、知的内容、知的效果等方面。孔子认为，“智”还是一个道德范畴，是人们在行为规范方面的知识，主张仁且智。正是因为儒家不断追求真理、乐于相互学习的教育传统，才会形成中华民族独有的“和而不同”“崇智求真”的和文化。

“信”是待人处事诚实不欺、言行一致的态度。儒家将“信”视作“仁”的具体体现，是君子必备的品德。一个人要想获取他人的信任和支持，必先在言论和行为上做到真实无妄。领导者若要得到民众的支持和拥戴，那么必须信守诺言，不要欺瞒百姓。对于大众也有“无信则不立，业无信则不兴”的要求，可以说“信”是人生之本，君子更要做到“诚实守信”。

君子有了仁爱利民的胸怀，有了正义奉公、尚礼守法的品格，有了崇智求真和诚实守信的精神，才能通过自己的才能入仕兴邦，实现齐家、治国、平天下的伟大抱负，这就是君子之作用。而君子的含义也从个人的道德修为升华到了对整个社会和国家的责任，西方把有社会和国家责任的人叫“贵族”，而东方则称之为“君子”。

翡翠步步登高摆件局部

“穷则独善其身，达则兼济天下”，原句为“穷则独善其身，达则兼善天下”，出自《孟子，尽心上》。意思是当个人得不到机会入仕时就洁身自好，修养个人品德；有机会当官显达，就要造福天下百姓。可见，孟子的这句格言，不仅提倡儒家学说的仁爱思想，还指明了儒家学说的核心作用，以及对于个人和社会之间关系的思考，这句话和《大学》中的“修身、齐家、治国、平天下”精神也是一脉相承的。

这句格言出自孟子，而源于老子，因此，后世学者把这句格言看作是“儒道互补”的体现，它既体现出积极入世的精神，也体现出超脱旷达的君子心态，为后期君子士大夫们归朴于天地自然的向往奠定了充分的理论依据。据《史记·老庄申韩列传》中记载：孔子曾向老子请教礼制，老子告诉他："君子得其时则驾，不得其时则蓬累而行。"一个真正的君子，当遇到机会时就大展宏图，时机不成熟时那就先修养自己的道德品质。儒家的另一位代表人物孟子，把老子的这句话演绎为"达则兼善天下，穷则独善其身"，当一个人有机会，而自身又具备智慧和能力，则可以为天下百姓做些善事。若没有合适的机遇，或者自身尚不具备智慧和能力等条件，那就应该完善自我修养，提升自己的道德境界。

"穷则独善其身，达则兼善天下"，是儒家教化思想的浓缩。一方面，儒家的道德伦理观念里认为，每一个人皆有可能成为圣贤，为民众做出贡献，实现个体的价值；另一方面，儒家的道德伦理观念又指出，在这个世间并没有天生的圣贤，而一个人之所以能够成为圣贤，那是因为后天受到教育、学习，不断磨炼自身修养的结果。而这后天的磨炼，既需要个体对道德修养的自觉追求，也需要外界的教化。从个体角度来说，要重视修身养性；从国家和执政者的角度来说，就应该重视对民众的教化。这二者必须紧密配合，缺一不可。

历代的儒家学者都坚持认为：人们只有获得道德知识，才能形成正确的道德认识，也才能树立起正确的道德观念，之后，才能产生道德行为。可见，行离不开知的指导，没有正确的道德认识，那也就不可能产生正确的道德行为。而一个人要获得道德层面的认知，不仅要通过自身的努力去学习，更要通过外界的示范和教化。这就如同玉雕一样，君子的一生就是一个被教化和教化别人的过程，终其一生就是一颗“进取之心”。

翡翠步步登高摆件背面

仁者寿，君子精神的永恒

有志为君子，成就为将相，人生暮年则要告老还乡，古代把官员的正式退休叫作“致仕”。这个称谓源于周代，汉以后形成了制度。一般致仕的年龄为七十岁，有疾患可以提前。《尚书大传·略说》载：“大夫七十而致仕，老于乡里，大夫为父师，士为少师。”《后汉书·郑均传》载：“议郎郑均，束修安贫，恭俭节整，前在机密，以病致仕，守善贞固，黄发不怠。”宋代王禹偁的《高闲》诗云：“更待吾家婚嫁了，解龟休致未全迟。”《宋史·欧阳修传》载：“熙宁四年，以太子少师致仕。”明代黄道周《节寰袁公传》载：“天子犹念公海上劳，予加衔致仕去。”

高级官员欲退时，皇帝必称社稷所倚而加以挽留，官员则以不能阻塞后人予以坚持，反复数次之后，皇帝不再勉强，以优厚待遇让官员回乡安度晚年。对老而无用的官员优待致仕，体现的是皇帝的恩赐；不愿意尸位素餐，全身而退，体现的是官员的道义。从历代的政治文献中可以看出，能够致仕是人生的最高境界，齐家治国并能衣锦还乡。但从君子更高的生命境界上来说成为致仕却只是一个起点，开始了对长寿的孜孜以求。唐代诗僧贾岛的《寻隐者不遇》就充分表达了这种致仕暮年归乡，寻仙问道而求之不得的“求索之心”。

翡翠松下问童子山子

松下问童子，言师采药去。

只在此山中，云深不知处。

此诗除了老者与童子松下一问一答的表象意境以外，还有着更深层的寓意。这要从贾岛的诗僧身份入手，唐代禅宗大盛，僧人以参破无明、明心见性为首要，最终的目的就是要找到人生的答案，实现生命的永恒。而这首诗的精彩并不在于内容，而是它的题目，“寻隐”代表寻找，寓意就在“不遇”二字，致仕人生垂暮，为寻找人生的解药而寻仙问道，却求之不得，怅然若失。而诗中的“只在此山中，云深不知处”，看似“不遇”实际上是给出了人生的“大药”！人生的答案向外寻找是求之不得的，而

翡翠松下问童子山子背面

是需要反闻自性，向内看。这种境界儒家叫“正心”，道家叫“心斋”，而佛家就是“禅”，同六祖慧能大师曾说“汝若返照，密在汝边”的境界相同。

如果说返闻自性是一种正心的法则，那么君子证悟就是要实现生命的永恒意义了。

唐顺宗永贞元年（公元 805 年），时任监察御史里行的柳宗元参加了以王叔文为首的政治革新运动，史称永贞革新。但这场声势浩大的运动由于保守势力与宦官的联合抵制，而以失败告终。柳宗元因此受到牵连，被贬官到有“南荒”之称的永州（今湖南

翡翠独钓寒江雪山子

永州市）。到了永州，他在任所名为司马，实际上是毫无实权而受地方官员监视的“罪犯”。官署里连他的住处都没有设置，他不得不在龙兴寺的西厢里安身。柳宗元在永州生活的这十年，是他性情发生重大转变的十年，他从政治不得志的失落、苦闷，逐渐走了出来，从而寄情于山川万物，心中满是对人生真理的求索与证悟。在永州的十年，他写下了《天说》《天对》《三戒》《江雪》等大量千古名作，奠定了他在中国文学史上和中国思想史上的崇高地位。可以说，没有被贬永州十年的封闭与求索，就不会有柳宗元的文化与精神成果。

千山鸟飞绝，万径人踪灭。

孤舟蓑笠翁，独钓寒江雪。

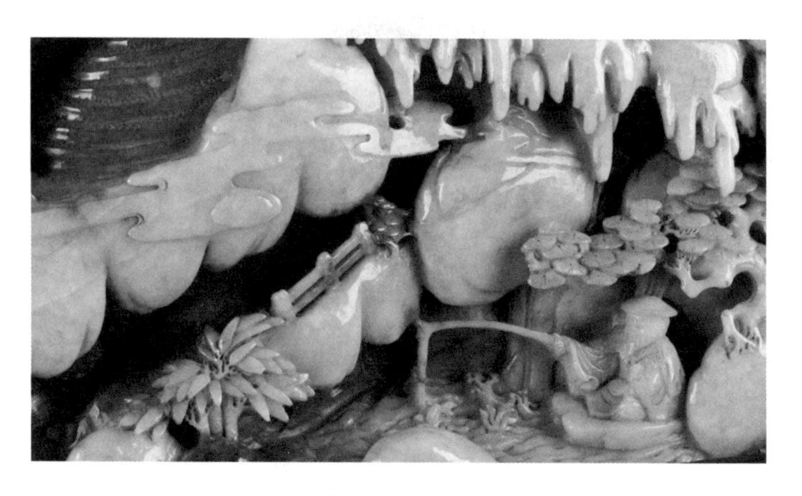

翡翠独钓寒江雪山子局部

这首诗的画面中，除了江雪中垂钓的老翁以外，没有任何其他的人物和动物，整个世界仿佛都笼罩在一片孤寂当中，仿佛能听到每一枚松针的落地之声。江雪岂能垂钓，诗人是把自己化为了垂钓的蓑翁，在一片清冷与凝固中，独自求索与证悟，而那根晶莹的吊线是人与天地间的唯一联系。万物本为一体，世界不离一心，天、地、人在融合中孕育，在这看似一片死寂的境界中，一个“钓”字，活脱脱地让整个世界焕发出了新的生命力。生命的目的远不止于寿命的长短与功名利禄，生命的目的在于一颗君子的“证悟之心”。

致仕暮年，松下之问，求之不得，独钓江雪。从宽容之心到仁爱之心，从仁爱之心到进取之心，从进取之心回归到求索之心，从求索之心实现证悟之心。一位君子的人生从出生到入世，从入世到出世，迎来了生命真正意义上的回归。

生命回归到哪里？哪里才是心灵的归宿？晋代陶渊明的《归去来兮》给人生指了一个如桃花源般的方向：“归去来兮，田园将芜胡不归？既自以心为形役，奚惆怅而独悲？悟已往之不谏，知来者之可追。实迷途其未远，觉今是而昨非。”

回去吧！田园都将要荒芜了，为什么不回去呢？既然自己的心灵被躯壳所役使，那为什么悲愁失意？我明悟过去的错误已不

翡翠归去来兮山子

可挽回，但明白未发生的事尚可补救。认识到过去的错误虽不可挽回，但未来的事还可以努力追回；虽然误入了迷途，所幸走得不算太远，（经过了生活的磨炼）才深感过去所为是错误的，今天的决定是正确的。

《归去来兮辞》是陶渊明辞去彭泽令归家后所写。诗人生性恬淡，一向厌恶官场的污浊、豪奢，此次辞官退隐，正是他之所愿，所以心情十分轻松、愉快。此辞正是真切表现了他这种情感。“归去来兮，田园将芜胡不归”。起二句无异对自己的当头棒喝，表现人生之大彻大悟。在诗人的深层意识中，田园，是人类生命的根，自由生活的象征。归去来兮，是田园的召唤，也是生命本性的召唤。

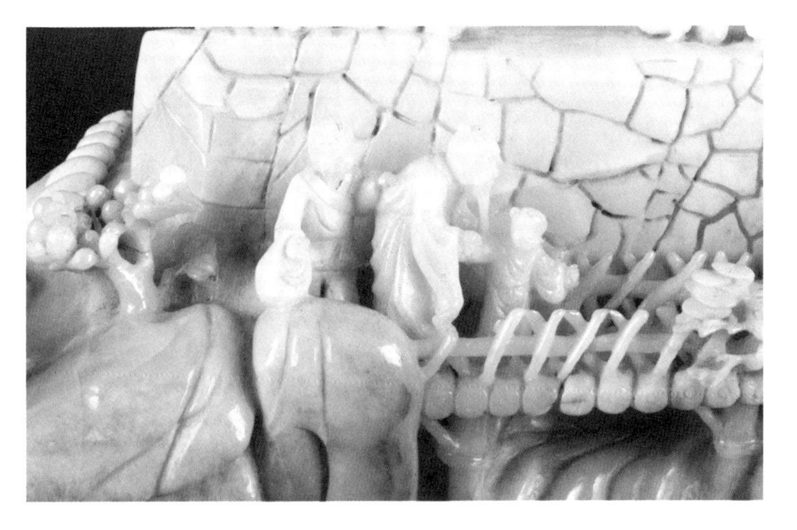

翡翠归去来兮山子局部

“悟已往之不谏，知来者之可追。实迷途其未远，觉今是而昨非”。过去不可挽回，未来则可把握，出仕已错，归隐未晚。

开篇大意，直指人心，后面通篇则是诗人对归家及归家后的遐想与人生回归本性、回归真实的畅快之情。《归去来兮》是魏晋风度的真实写照，更是士大夫们证悟人生后心灵归宿的殿堂。欧阳修说：“晋无文章，唯陶渊明《归去来兮辞》而已。”

“回归之心”就是回归于天地，回归于山水，回归于自然。生命的意义就在于呼吸之间的把握，生命的境界就在于篱笆小院、童叟相依、采菊东篱、悠然南山的刹那之中。

翡翠寿比南山摆件

肉体不能永恒，功名利禄也不过是过眼的云烟，生而为人唯一能够“寿比南山”的是如君子般的德行与仁爱天下的精神。在实现兼善天下的志向后证悟人生的真正意义，从而回归于天地的自然之心，这就是孔子“仁者寿”的真正含义吧。

君子如同美玉，经历了入仕的琢磨与人生的经历后，成为一件永久流传的玉器，承载着仁爱的精神，实现了生命的永恒。

玉之德

东周时　人文兴　崇君子　扬玉名
有儒家　制礼乐　比与玉　君子德
孔夫子　至推崇　赋予玉　五德名
曰仁义　曰礼智　曰诚信　玉德生
五德后　众认同　尊爱赏　佩玉盛
神州玉　精神融　华夏韵　民族情
孔子后　德说盛　更发展　并传承
有十一　有九经　有七备　有五凝
玉有魂　玉有灵　玉有德　玉有情
玉德者　合玉行　玉精神　记心中
讲仁德　讲道义　讲礼仪　讲智勇
崇高尚　尚恳诚　诚信誉　誉美名
唯朴实　唯清正　唯温厚　唯笃诚
即高雅　即文明　即道义　即善行
玉无言　魂其中　心感悟　得性灵
冶情志　修身性　理思绪　悟人生
玉道尊　玉德行　玉养德　玉养生
讲境界　讲淡定　讲涵养　讲从容
玉载道　道立德　德养心　心明人